高素质农民培训系列教材

花椒高产栽培与病虫害防治技术

麻俊鹏　主编

中国农业科学技术出版社

图书在版编目（CIP）数据

花椒高产栽培与病虫害防治技术 / 麻俊鹏主编 .—北京：中国农业科学技术出版社，2020. 11

ISBN 978-7-5116-5059-7

Ⅰ. ①花…　Ⅱ. ①麻…　Ⅲ. ①花椒-栽培技术②花椒-病虫害防治　Ⅳ. ①S573②S435. 73

中国版本图书馆 CIP 数据核字（2020）第 188912 号

责任编辑　白姗姗　张诗瑶
责任校对　贾海霞

出 版 者　中国农业科学技术出版社
北京市中关村南大街 12 号　邮编：100081
电　　话　(010)82109194(编辑室)　(010)82109702(发行部)
(010)82109709(读者服务部)
传　　真　(010)82109698
网　　址　http://www.castp.cn
经 销 者　各地新华书店
印 刷 者　北京富泰印刷有限责任公司
开　　本　850 mm×1 168 mm　1/32
印　　张　5
字　　数　144 千字
版　　次　2020 年 11 月第 1 版　2020 年 11 月第 1 次印刷
定　　价　32. 00 元

《花椒高产栽培与病虫害防治技术》

编 委 会

主　编　麻俊鹏

副主编　高　彬　张金豹　黄志恒　温卫华

王钦源　秦应菊　齐秀霞　刘　秀

卢银菊

前　言

花椒是我国栽培历史悠久、分布很广的香料和油料树种。我国花椒栽培面积和产值以及花椒种类均居世界首位。花椒具有成长快、成果丰、收益大、用处广、栽培方法简单、适应性强、根系兴旺、能保持水土等优点。

本书共12章，内容包括：花椒基础知识，花椒主要栽培品种，花椒土壤管理，花椒树栽植，花椒繁殖，花椒肥水管理，花椒树体管理，花椒树整形修剪，花椒芽菜栽培，低产花椒园改造，花椒病虫鼠害及冻害防治，花椒采收、贮藏及加工等。本书具有内容丰富、语言通俗、科学实用等特色。

编　者

目　录

第一章　花椒基础知识

花椒属芸香科花椒属植物。通常为落叶灌木或小乔木，树高2~3m。果、枝、叶均有香味，茎、枝有散生向上斜的皮刺，刺基部坚、扁平状。叶为奇散羽状复叶，稀偶数互生，长8~14cm，小叶5~13片，对生，无柄或近无柄，卵圆形、叶缘有锯齿，具透明油点，叶脊主脉生有细刺。花芽多为顶生，花序为聚伞状圆锥形。

第一节　花椒的生长习性

（一）根系

花椒为浅根性树种，根系垂直分布较浅，而水平分布范围较广。盛果期树，根系最深分布在1.5m左右，较粗的侧根多分布在40~60cm的土层中，须根集中分布在10~40cm的土层中，也是吸收根的主要分布层。根系水平扩展范围可达15m以上，为树冠直径的5倍左右，而须根集中分布在树干距树冠投影外缘0.5~1.5倍的范围内。

花椒根系开始生长活动早于地上部分，春季10cm地温达到5℃时开始生长，一年中有三次生长高峰：第一次生长高峰出现在萌芽后，3月初至4月下旬，以后随着地上新梢的生长和开花结果，其生长逐渐放缓；第二次生长高峰出现在6月中旬至7月中旬，此时地上新梢生长减缓，土壤温度升高，根系进入一年中生长最旺盛的时期；第三次生长高峰出现在9月上旬至10月中旬，此时果实已采收，秋梢停长，根系获得的营养增加，生长加快，以后随土壤温度的下降，根系生长减慢，并逐渐停止生长。

花椒根系的总体特性是垂直分布较浅，水平分布较广，具有明显的趋温性与趋氧性，不耐涝。

（二）芽

花椒的异质性较为明显。通常顶芽及其下面 3~4 个芽比较饱满充实，容易萌发成枝，其他芽的质量则较差。多数花椒品种的芽具有晚熟性，但少数品种的芽具有早熟性，当年可以萌芽二次枝。花椒的萌芽力与成枝力因品种不同而各有不同。如大红袍花椒萌芽力较强，成枝力稍弱；米椒萌芽力中等，成枝力较强。

花椒的芽为混合芽。花芽分化时间在 6 月上旬至 8 月下旬。不同品种、不同树龄略有差异，但多数在花椒果粒迅速膨大后生长变缓时开始，至果实成熟采收，秋梢开始生长时停止。大红袍花椒花芽分化临界期在 6 月 5 日左右。

（三）枝

花椒枝的顶端优势较强，顶芽萌发枝的生长势强于侧芽萌发的枝条。去顶芽后，侧芽萌发的枝又沿着原顶枝方向生长。枝条的垂直优势明显，少有明显主干，层性也较差。

新梢一年有两次生长高峰：第一次在 4 月中旬至 6 月上旬；第二次在 7 月中旬至 8 月上旬。8 月中旬至 10 月上旬新梢硬化。

花椒以强壮枝和中短枝结果为主。

第二节　花椒的花芽分化及结果习性

（一）花芽分化

花椒花芽分化始于第一次生长高峰后，在 6 月上旬，一直到翌年 4 月上旬完成花芽分化。花芽分化虽受诸多内因、外因的影响，但营养物质的积累和内源激素的平衡是花芽分化的最主要条件。据研究，当复叶与果穗的比例为（3~3.5）：1 时，不仅当年产量高，果穗大，品质好，而且可保证翌年有足够的花芽结果。花椒 4 月中旬左右开花，4 月末渐次进入盛花期，初花期约 10d，初花到末花期 14~18d。

(二) 结果习性

花椒为单性结实，即不经过授粉受精，果实和种子都能发育，而且种子具有发芽能力，属于无融合生殖。花椒果实为蓇葖果，无柄，圆形，果面密布疣状腺点，中间纵向有一条不明显的缝合线，果皮两层，外果皮红色或紫红色，内果皮淡黄色或黄色，有种子 1~2 粒，凡 2 粒的每个种子呈半球状，种皮黑色，含有油脂和蜡质层。果实发育分为 5 个时期：坐果期，子房开始膨大、幼果形成，5 月上中旬，20d 左右；果实膨大期，5 月下旬至 6 月上旬，40d 左右，果实外形长到最大；缓慢生长期，6 月上旬，体积基本长成，但果皮继续增厚，种子继续成熟，总量增重；着色期，7 月上旬至 8 月中旬，果实由青转黄，进而形成红色，最后变成深红色，同时种子变成深褐色，种壳变硬，种仁由半透明糊状变成白色，此期 30~40d；成熟期，外果皮呈红色或紫红色，疣状物明显突起，有光泽、油亮，少数外果皮开裂，果完全成熟。一般达到充分成熟度 1 周左右就应采收。

花椒的落花、落果现象十分严重，据调查，落花率可达 72.7%，落果率 59.1%，整个花序的坐果率仅为 11.2%。一年中，花椒有两次落果，第一次在 5 月下旬至 6 月初，也称“5 月落果”，主要原因是花量过大，坐果多，养分不足和生理失调；第二次在 7 月上旬，果实进入着色期，由于营养不足，果实提前着色变红后脱落，这次落果率较小。花椒的落花、落果现象可以通过加强肥水供应及良好的防病、防虫措施得到有效控制。

第三节　花椒生长的环境要求

(一) 光照、水分

花椒喜光，一般要求年日照时数在 2 000h 以上。光照充足，则花椒树体发育健壮，病虫害少，产量尚可。

花椒对水分要求不高，一般年降水量大于 500mm 的地区，只要在萌芽和坐果后土壤水分供应充足，花椒就能正常生长结果。但着色期如遇长时间干旱，则导致花椒果面发白，着色不良。土壤含水量低于10%时，叶片会出现萎蔫；低于6%时可导致死亡。

（二）温度

花椒喜温暖，不耐寒，年平均气温10～15℃的地区最适宜栽植。年均气温低于10℃的地区，常有冻害发生。休眠期花椒幼枝能耐-18℃的低温，大树能耐-20℃低温。冬季极端温度低于-18℃或-20℃时，花椒幼树或大树就有可能受冻害。

平均气温稳定在6℃以上时，芽开始萌动；日平均气温达到10℃左右时开始抽梢。花期适宜的日平均温度为16～18℃，果实发育适宜的日平均气温为20～25℃。

（三）地形地势

花椒属阳性树种，一般背风的阳坡、半阳坡适宜栽植。但在干旱地区，由于阳坡、半阳坡土壤水分较好，背风的阴坡和半阴坡反而比阳坡更适宜栽植花椒。

（四）土壤

花椒属浅根性树种，根系主要分布在60cm土层内，一般土壤厚度达到80cm就能满足其生长结果的需求。但花椒喜欢土层深厚、疏松肥沃的土壤。最适宜的土壤pH值在7.0～7.5。

第二章　花椒主要栽培品种

第一节　枸　椒

枸椒特点：树势健壮，分枝角度较大，树势较开张；多年生枝灰褐色，皮刺大而尖，基部扁平；叶片较宽大，卵状矩圆形，叶色较大红袍浅，呈淡绿或黄绿色；果穗不紧凑，果柄较长，颗粒小，果径4mm左右，鲜果千粒重70g左右，处暑前后采收，成熟的果实淡红色或黄红色，每3.5kg可收纯干椒1kg。此树寿命长、发芽迟、花期晚，可免受“倒春寒”危害，不易受蛀秆性害虫为害。

枸椒产椒量较低、品质差，已基本淘汰。

第二节　小红袍

小红袍品种分布范围较小。

小红袍特点：树体近似大红袍，但较小，皮刺稀而小，刺基部木质化强，呈台状；分枝角度大，树势开张，长势较大红袍弱；多年生枝灰褐色，枝条细软，易下垂，叶片较小且薄，色较淡。果柄较长，果穗较松散，穗小粒小，果径4~4.5mm，鲜果千粒重85g左右，成熟时果实鲜红色，香味浓。8月上中旬成熟，即比大红袍早成熟10~15d。一般3~3.5kg鲜椒可收纯干椒1kg。成熟后果皮易开裂。

该品种在陕西省韩城市栽植较少，占5%左右。

第三节　大红袍

大红袍品种是分布最广的栽培品种。

大红袍特点：灌木或小乔木，树体较高大，株高 2~3m，在自然生长情况下，树形多为主枝圆头形或无主干丛状形。树势强健、紧凑，叶色深绿肥厚，奇数羽状复叶，稀偶数，有小叶 5~11 片，叶片广卵圆形，边缘有细圆锯齿，叶尖渐尖，叶片表面光滑，蜡质层较厚，有腺点。茎干灰褐色，刺大而稀，常退化，小枝硬，直立深棕色，节间较长。果枝粗壮，果穗紧凑，果柄较短，近于无柄；果粒大，直径 5~6.5mm，每穗一般单果 35~60 粒，多的达 120 粒，最多达 180 粒。鲜果千粒重 95~110g，味浓香，成熟的果实浓红色，表面有粗大的疣状腺点，晾晒干后不变色。成熟期在末伏（立秋）8 月中下旬至 9 月上旬，成熟的果实不易开裂。一般 4~4.5kg 鲜椒可收纯干椒 1kg。此品种为陕西省韩城市的主栽品种，占栽植量的 90%以上。

大红袍有以下优点。

一是生长快，结果早，产量高。一年生苗高可达 1m，栽后 3~5 年即结果，10 年生株产干椒 1~1.8kg，15 年生株产干椒 4~5kg，最高可达 6.5kg，25 年后仍有 1.7~4.1kg 的产量。

二是颗粒大，色泽深，品质好。平均果径 5.2mm，比小红袍、枸椒大 1/3；千粒重（干椒）61.6g，比小红袍、枸椒分别重 40.3%和 57.9%，椒皮厚 0.57mm，比小红袍、枸椒分别厚 7.6%和 2.1%；晒干后仍为深红色，而小红袍为鲜红色，枸椒为浅红色。同等条件下，品级至少比小红袍高一级。

三是枝干皮刺少，果穗大，采摘方便。成熟期比小红袍迟 10~15d，且果实不易开裂。

第四节　贡椒（正路椒）

贡椒特点：果、枝、叶、干均有香味。树皮黑棕色（幼茎为紫红色），上有瘤状突起。奇数羽状复叶，互生，小叶数 5~13 片（多数为 7~9 片），卵状长椭圆形，具细锯齿，刺细长，齿缝有透明的油点，叶柄两侧具皮刺。聚伞状圆锥花序顶生，单性或杂性同株，蓇葖果，种子黑色有光泽。果皮有疣状突起，果实成熟时红色或紫红色，晒干后成酱红色。常在基部并生两个小椒，故称娃娃椒。贡椒颗粒圆大，呈木鱼状，果肉厚，表面密生瘤状突起的精油腔，内果皮滑，淡黄色，薄革质，多数与外果皮分裂而卷曲，香味浓郁，味麻而持久，质量好，产量高。

第五节　青（花）椒

青（花）椒特点：奇数羽状复叶，叶披针形或卵形，叶缘光滑无锯齿，叶片有腺点（油胞），先端小叶较大，小叶无柄或极短。复叶的小叶片数与树龄和枝条类型有关。

幼树，复叶7~9叶；5年树龄很少9叶，为3~7叶；10年树龄以上少有9叶，以3、5、7枚为多。营养枝上的叶片数为披针形，结果枝小叶呈卵形，以3叶为主。营养枝叶片腺点数平均为17.2个，结果枝叶片腺点平均2个。

青（花）椒果粒呈绿色，果穗长大、果实数较多，果实碧绿无杂色，香气有别于红花椒，它的特点是味麻且香，是腌菜的好佐料。

第三章 花椒土壤管理

第一节 深翻改土

土层深度不足 50cm 的岩石或硬土层的瘠薄山地，或 30cm 以下有不透水黏土层的沙地及沙与土交互成层的河滩地，深翻的效果都明显。尤其山地土层浅，质地粗，保肥蓄水能力差，深翻可以改良土壤结构和理化性质，加厚活土层，有利于根系的生长。

（一）深翻的作用

深翻的作用首先是改良土壤结构和物理性质。深翻，能增加土壤孔隙度，降低容重，提高土壤的保水力、保肥力和透水性。深翻结合施入有机肥料，促进土壤中微生物数量增加，加速有机物的腐烂、分解，增加土壤中的腐殖质，使土壤中可溶性的营养物质增加，提高土壤的肥力。

深翻为根系生长创造了良好的环境，深翻后根系分布加深，根的密度和数量增加，特别是须根量增加更明显。由于深翻改变了土壤深层的物理性状，能够加深根系分布深度，有利于根系从土壤深处吸收水分和养分，而且深翻扩大了根系的水平分布范围，使根系分布达到枝展的 4~5 倍，且分布比较均匀。

干旱是影响花椒产量的重要因素，深翻使土壤容重减轻，孔隙度增加，增加了土壤透水和保水能力，使土壤含水量提高。

由于深翻促进了根系的生长，使根吸收和合成机能增强，因而也促进了地上部的生长和结果。

（二）深翻的时期

深翻改土在春、秋两季都可进行。春季在土壤解冻后要及早进行。这时地上部尚处在休眠期，根系刚刚开始活动，受伤根容易愈合和再生。北方春旱严重，深翻后树木即将开始旺盛的生命活动，需及时灌水，才能收到良好的效果。夏季要在雨季降第一场透雨后进行，特别是北方一些没有灌溉条件的山地，深翻后雨季来临，可使根系和土壤密结，效果较好。秋翻一般在果实采收后至晚秋进行，此时地上部生长已缓慢，深翻后正值根系第三次生长高峰，伤口容易愈合，同时能刺激新根的生长。深翻后经过冬季，有利于翌年根系和地上部的生长，故这是有灌溉条件的花椒园较好的深翻时期。但在冬季寒冷、空气干燥的地区，为了防止秋季深翻容易发生枝条抽干，也可以在夏季深翻。深翻后，一般正值雨季，土壤踏实快。但要注意少伤根和多灌水，否则容易造成落叶。

（三）深翻的方法

深翻的深度与立地条件、树龄大小及土壤质地有关，一般为50~60cm，比根系主要分布层稍深。土层薄的山地，下部为半风化的岩石或土质较黏重的要适当深一些。深翻改土的方法有以下几种。

（1）扩穴深翻。在幼树栽植后的头几年，自定植穴边缘开始，每年或隔年向外扩展拓宽 50~150cm、深 60~100cm 的环状沟，把其中的沙石、劣土掏出，填入好土和有机质。这样逐年扩大，至全园翻完为止。

（2）隔行或隔株深翻。先在 1 个行间深翻，留一行不翻，翌年或几年后再翻未翻过的一行。若为梯田，一层梯田一行株，可以隔两株深翻一个株间土壤。这种方法每次深翻只伤半面根系，可避免伤根太多。

（3）里半壁深翻。山地梯田，特别是较窄的梯田，外半部土层较深厚，内半部多为硬土层，深翻时只翻里半部，从梯田的一头翻到另一头，把硬土层一次翻完。

（4）全面深翻。除树盘下的土壤不翻外，一次全面深翻。这种方法因一次完成，便于机械化施工，只是容易伤根过多，因此多用于幼龄花椒园。

(5) 带状深翻。主要用于宽行密植的花椒园，即在行间自树冠外缘向外逐年进行带状开沟深翻。

不论何种深翻方法，其深度应根据地势、土壤性质而定。深翻时表土、心土应分别放置。填土时表土填入底部和根的附近，心土铺在上面。沙地几十厘米深有黏土层时，应将此层打破，把沙土翻下，与土或胶泥拌匀。深翻时最好结合施入有机肥，下层施入秸秆、杂草、落叶等，上层施入腐熟的有机肥，和土拌匀后填入。深翻时注意保护根系，并避免根系暴露时间太久和冻害。粗大的断根，最好将断面剪平，以利于愈合。

(四) 培土和压土

花椒易受冻害，特别是主干和根颈部，抗寒力低，在北方寒冷的地方需要进行培土。培土用的土，最好是有机质含量高的山坡草皮土，翌年春季均匀地撒在园田，可增厚土层，增强保肥蓄水能力。

坡地压土如同施肥，压一次土可有效3~4年，连年压土的花椒园比对照增产26.2%。

(五) 梯田的整修与改造

梯田整修，每年进行两次，第一次在冬春季节结合土壤耕翻，进行地堰的修补，覆土加高。第二次是雨季，及时修复被雨水冲毁的坝堰，清除排水沟的淤泥，使园地成为保土、保肥、保水的“三保田”。

用石块垒砌的石壁梯田，缝隙往往生长很多小灌木和杂草，影响花椒的生长，这时需要拆除石堰的上部，清除灌木和杂草，重新垒砌，我国北方群众称之为“倒堰”。“倒堰”多在秋后和早春进行，从地堰的一头开始，拆除石堰上部60~80cm高，逐渐向前翻到另一头，边拆边砌。

简易梯田的改造包括加固和加高坝堰、整平田面、修筑排水沟和沉淤坑等。改造后，翌年树势得到恢复，增产21.6%，第三年增产43.3%。

（六）坡地花椒园的整地

在坡地上兴建坡地花椒园，必须注意两个问题：一是保水保土，不能使有限的土壤再被冲刷；二是集中坡面上分散的土壤，加厚土层，使花椒树的生长发育有一定的土壤空间。因此，建园时进行细致地整地是十分重要的，这是建园的首要工作，也是关系花椒园建园成功的重要一环。一般采取以下整地形式。

1. 水平梯田和反坡梯田

以这种整地方法最为普遍，一般与农用梯田整地方法大体相同。田面宽度不应小于 1.5m，梯田外侧的高度，不低于 1m。如果梯田田面修成外高里低的反坡，梯田外侧比内侧高 10~15cm，即成反坡梯田。既增加了梯田的保土蓄水能力，又减缓了田面阳光直射的强度，其效果优于水平梯田。

2. 隔坡梯田或隔坡复式梯田

所谓隔坡梯田，即梯田与梯田之间间隔一段距离。隔坡复式梯田，即在隔坡梯田（主梯田）的基础上，再于梯田的下方修一个高 30~50cm、宽 1m 的小梯田（辅助梯田）（图 3-1）。

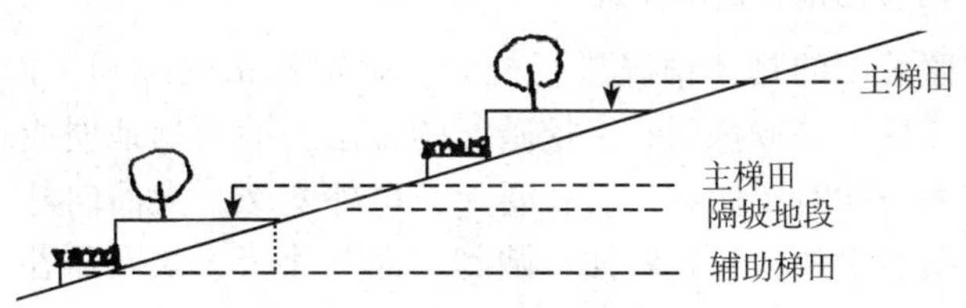

图 3-1 隔坡复式梯田示意

坡地花椒园，无灌水条件，施肥困难，如何补给土壤水肥，是坡地花椒园栽培中的一个重要问题。采用隔坡梯田整地或隔坡复式梯田整地，有下面几个优点。

（1）可以利用隔坡地段产生的径流，增加梯田的水分，解决花椒树的水分补给问题。

（2）辅助梯田可以种植绿肥植物，就地压青，解决坡地花椒园的养分补给问题，同时辅助梯田还可以固护主梯田。

（3）在土层较薄土壤较少的石质山地，可以将隔坡地段的土壤填入主梯田，扩大梯田的土壤来源，从而也扩大了建园的立地范围。土层较薄的山地可采用这种办法营建花椒园。

梯田间的隔坡距离一般为4~6m，间隔距离过大，虽然能产生更多的径流，但遇大雨、暴雨产生的径流超过梯田的下渗、容纳能力时，容易造成水土流失，把梯田冲垮，在黄土陵丘区更应注意这一点。主梯田、辅助梯田均为反坡状，梯田外侧比内侧高10~15cm。主梯田的规格与上述水平梯田相同。石质山地修筑隔坡梯田时，要尽量把隔坡地段的土都填入梯田内，使基岩裸露出来。

3. 鱼鳞坑

在石质山地坡面上，有时土壤分布不均匀，有的地方较厚，有的地方很薄甚至是裸岩，可根据土壤厚薄的分布情况，采取不同的整地方法，除按照地形修筑长短不一的梯田外，还可以用石块垒砌成大鱼鳞坑，鱼鳞坑外侧高不少于1m，坑的宽度（横坡方向）1m、长（顺坡方向）1.5m。

4. 石质山地梯田的修筑

按照坡面的具体情况进行规划，确定梯田间距和田面宽度。定线清基后，采取拣明石、挖暗石的方法，沿所划地埂线砌垒石坎。砌垒石坎时要做到：底石要大，里外交叉，大面向外，小面向里；条石平放，片石斜插；圆砌“品”字形，块石压茬；石缝错开，嵌实咬紧；小石填缝，大石压顶；填饱彻实，切忌土拥。石坎砌好后，将田面上的石头挑拣一遍，填在石坎内下侧，然后将坡面上的土扒入坑内整平。鉴于石质山区土壤薄、石砾含量较多和花椒树适应性较强的特点，卵状大小的石块不必拣除，在栽植和管理过程中，这些石块浮露于地表，还可以起到保墒的作用。为防止田面不平产生径流而冲毁梯田，较长的梯田应每隔8~10m筑一截水堰。

第二节　除草松土

花椒根浅，俗称“顺坡溜”，易与杂草争水肥。松土除草可以消灭杂草，改善土壤通气条件，加快土壤微生物的活动，促进土壤有机质的分解、转化，提高土壤肥力，有利于花椒根系的生长发育。“花椒不除草，当年就衰老”，是有道理的。

在花椒树生长发育过程中，从幼树定植后的翌年就要开始中耕除草。方法有三：中耕除草、覆盖除草、药剂除草。

花椒树栽植当年松土除草两次，即春季发芽前后及秋季采收前后，以后每年松土除草 3~5 次，杂草发芽后的早春、采收前后及采收后各进行一次。中耕除草因树龄、间作物种类、天气状况等而不同。进行第一次除草和松土，应在杂草刚发芽的时候，时间越早，以后的管理就越容易。第二次在 6 月底以前，因为这时是椒苗生长最旺盛的季节，也是杂草繁殖最严重的时期。除草松土时不要损伤椒苗根系。在花椒树栽上的前几年，特别要重视除草松土，第一年应当是 4~5 次；翌年是 3~4 次；第三年是 2~3 次；第四年是 1~2 次。在杂草多、土壤容易板结的地方，每下一次雨后，就应松一次土，特别是春旱时和灌水或降水后，均应及时中耕。中耕次数也不宜太多，太多会破坏土壤结构。松土除草用锄头进行，树周围宜浅，向外逐渐加深，勿伤根系，将草连根铲除，同时注意修整树盘，培土，防止水土流失。

药剂除草可以达到除草的目的，但容易造成地面光秃，不能增加土壤有机质含量，也不能改善水分供应状况。如果草荒严重，花椒树面积也大，应用化学除草是行之有效的方法。现介绍几种常见的除草剂供选用。

西马津是土壤施用的高度选择性的内吸传导除草剂，可防除一年生禾本科杂草和阔叶杂草。在杂草刚萌动出土时，或中耕后施用。667m^2 用 50%西马津可湿性粉剂 150~200g，加水 50kg 喷雾，有效期 2~3 个月。

利谷隆是一种以触杀为主的高效低毒选择性的除草剂，能杀死多种双子叶和一年生禾本科杂草。667m^2 用利谷隆 300g，加水喷雾。

敌草隆为内吸传导性除草剂，杂草萌发期或中耕后施用，667m^2 用敌草隆 200~400g 能除一年生浅根性杂草。

燕麦畏是高效选择性除草剂。野燕麦在萌发过程中受药中毒，幼芽不能出土，20d 左右干枯、腐烂死亡，但对小麦、青稞无损；也可用于蚕豆、豌豆、玉米等，药效期 40d 左右。燕麦畏在干旱地区播种前施用效果较好。667m^2 用 50%燕麦畏乳油 150~200g，兑水 150~200g 喷雾，或用 10%燕麦畏颗粒剂 500~1 500g，拌细土 25~40kg 撒施。为防止药剂挥发，应随施药随翻耙，深度以 8~10cm 为宜。在降水多、土壤潮湿的地区，也可在播种后出苗前施药，667m^2 用 4. 0%燕麦畏乳油 200~250g，兑水 40~50kg 喷雾，或拌细土 25~40kg 撒施。喷药后，注意将喷雾器洗净。

百草敌也叫麦草畏，是一种苯羧酸类内吸性除草剂。商品剂型为 48%胺盐水剂。百草敌活性高、用量低，配药时药量一定要量准。百草敌以 667m^2 10~15mL 与 72% 2,4-滴异辛酯乳油 20~25mL，或 20%二甲四氯水剂 120mL 混合使用，要比单独作用效果好。百草敌的药效较 2,4-滴异辛酯要慢，单用也容易发生伤害。因此，强调一定要混用。百草敌的药效受气温影响很小，低温下药效不减，但杂草死亡缓慢，此时不能心急，千万不能再喷第二次药。

拉索是一种高效除草剂，生芽前土壤处理施用，药剂被芽和根吸收，能抑制生长，尤其是抑制侧芽的生长。药效期达 3 个月左右。主要用于旱田除草，也可用于果园、林业苗圃及观赏植物除草，可防除稗草、马唐、狗尾草、谷莠子、马齿苋、野苋菜、藜、香附子，但对灰菜、蓼、野芥菜、狗芽根等无效。使用方法：在播种后出苗前及杂草出苗初期，或作物移栽前，作土表喷雾施用，喷药后进行浅耙。沙土 667m^2 用 48%拉索乳油 120~150g；壤土 667m^2 用 48%拉索乳油 170~200g；黏土 667m^2 用

48%拉索乳油 225~250g。使用这种药要注意三点：一是配药和施药时必须采取防护措施，如果药液溅到皮肤上应立即洗去。二是施药后降水 15mm 以上才能发挥药效，在干旱地区必须随施、随即进行交叉浅耕 2~3cm，以保证除草效果。三是拉索在 0℃以下时会出现结晶，所以应在 0℃以上处保管。但是已经结晶的拉索，在 15~20℃时仍可溶化复原，不影响药效。

氟乐灵是一种高效、低毒、低残留的除草剂，具有选择性强，杀草谱广，残效期长以及使用安全、方便、经济等优点，能防除禾本科杂草和宽叶杂草、苋属、马齿苋、蓼、萹蓄、蒺藜、猪毛菜等，效果在 85%以上。氟乐灵是用于土壤处理的除草剂，可在播种前或出苗前，667m^2 用氟乐灵 75g，兑水喷雾。氟乐灵挥发性与光解性较强，施药后必须立即中耕与表土混合，使农药均匀分布在 5cm 的土层内。氟乐灵可与利谷隆、拉索、2,4-滴异辛酯等除剂混合用，这样不仅可以提高药效，扩大杀草谱，而且可以节省农药和减轻药害。

草甘膦是一种高效、低毒、广谱性除草剂，具有较强的内吸传导性，对人畜安全，土壤不留残毒，不污染环境，可防除一二年生和多年生杂草。草甘膦通过茎叶吸收，慢慢全株死亡，它可用于果园、茶园、菜园、苗圃、林区的防火道、铁路、油库等，也可用于鱼塘边和田梗边。草甘膦是灭生性较强的除草剂，在果园使用，严防喷到枝叶上，在菜园使用，必须在前作收获出园后、整地前或者在蔬菜播种、定植前 6~8d 施用。喷药应选择在晴天气温较高时进行。施药时，如遇三级以上的风，应立即停止。喷药后 8h 内如遇雨，必须重新喷药。一般在杂草三叶期至四叶期施药较适宜，叶龄太小，就不能充分吸收药液，易降低药效；叶龄过大，要增加剂量。草甘膦接触土壤后，会迅速分解失效，因此，药液必须喷在杂草植株的茎叶上。草甘膦的使用方法：防治一二年生杂草，667m^2 用 10%草甘膦 350~500g；防治多年生杂草，667m^2 用 10%草甘膦 1 000~2 000g，兑水 50~75kg，再加 0. 3%的洗衣粉作黏着剂，然后充分搅拌，用喷雾器喷在杂草上，5~8d后，杂草死亡。

苯达松属较强的触杀兼内吸型除草剂，性质较稳定，对人畜低毒，对鱼类和蜜蜂安全。药效持久，适用于茎叶处理，芽前使用效果差。常见剂型为25%~50%可湿性粉剂。

去草胺又名丁草胺或灭草特，是内吸传导型除草剂。在常温下不挥发，微有芳香味。主要通过植物芽鞘吸收向上传导，对人畜毒性较低，对鱼毒性也低，但对人的皮肤和眼有轻微刺激性。

第三节　覆盖保墒

园地覆盖的方法有覆盖地膜、覆草、绿肥压青、培土等，其作用为改良土壤，增加土壤有机质；减少土壤水分蒸发，防止雨水冲刷和风蚀，保墒、防旱；提高地温，缩小土壤温度变化幅度，有利于根系生长，并有抑制杂草滋生及减少裂果等多重效应。

（一）树盘覆膜

花椒树多在山地上栽植，土壤水分是影响生长发育的主要因素。因此，除栽前修筑梯田外，实行树盘覆盖是减少土壤水分散失、蓄水保墒的有效措施。早春地解冻灌水后，然后覆膜，促进地下根系及早活动。操作方法：以树干为中心，做成内低外高的漏斗状，要求外面平整、覆盖普通农用薄膜，使膜土密接，中间留一孔，用土将孔盖住，以便渗水。最后将膜四周用土埋住，防止被风刮掉。树盘大小与树冠径相同。树盘覆盖能减少土壤水分散失，提高土壤含水量，又可提高土壤温度，使花椒树地下、地上活动提早。在干旱地区地膜覆盖对树体生长的影响效果更显著。

（二）园地覆草

在春季花椒树发芽前，花椒树下先浅耕一次，然后在树盘下或树行内覆盖秸秆、杂草、厩肥、锯末等，厚度10~15cm。覆盖范围主要在树冠投影内，也可适当向外扩展。连年覆盖有多种作用：一是覆盖物腐烂后，表层腐殖质增厚，土壤有机质增加，提高了肥力；二是平衡土壤含水量，增加土壤持水能力，减少径流和蒸发，保墒抗旱；三是调节土温，4月中旬0~20cm深处的土壤温度，覆草比不覆草平均温度低0.5℃左右，而在冬季最冷的1月平均温度高0.6℃左右，夏季有利于根的生长，冬春季可延长根的活动时间；四是增加根量促进树势健壮，产量增加。

覆盖时的注意事项。

（1）覆盖后应稍加拍打，使覆盖物紧实，并间隔压土，以防被风刮起。

（2）覆盖物不能带有病菌和虫卵以及杂草种子，以免花椒园受到病虫草害。特别是注意防治鼠害，如消灭草荒，树干周围0.5m以内不覆草，保护天敌蛇、猫头鹰等。

（3）覆盖前在树干基部培土堆，以防树下积水引起花椒树死亡。

（4）严禁火种，以防引起火灾。

（5）覆盖3~4年后，覆盖物腐烂，应尽快将其翻入土壤，重新覆盖。

（三）培土

对山地丘陵等土壤瘠薄的花椒园，培土可增厚土层，防止根系裸露，提高土壤保水、保肥和抗旱性，增加可供树体生长所需养分的能力。花椒在我国黄河流域及以北地区，个别年份地上部易受冻害，培土可提高树体抗寒能力。培土一般在落叶后结合冬剪、土肥管理进行，培土高度因地制宜，一般在30~80cm，春暖时及时清除培土。

第四节　花椒园间作

花椒园间作，既能充分利用土地，又能增加经济效益和提高土壤肥力。

花椒园的间作物最好是大豆、豌豆等豆科植物。因为它们的根瘤菌能固定空气中游离氮素，成为植物能利用的含氮化合物，增加土壤肥力。禾谷类植物生长期长、根系又多，吸收水肥也多，不宜间种。例如，麦虽然植株不高，不会影响花椒的光照，但要常施水肥；又如玉米，它是高秆植物，不仅水肥需求量大，而且还会遮挡喜光花椒的阳光。

花椒主干较低，只有在幼龄期或初果期适宜间作，盛果期大树一般不宜再间作。即使在幼龄期，也应注意选用间作物的种类，以不影响花椒生长发育为原则。优良间作物应具备的条件是生长期短，吸收养分和水分较少，大量需水、需肥时期和花椒不同；植株较矮小，不影响花椒树的光照条件；能提高土壤肥力，病虫害较少，而且不致加重花椒树的病虫害；间作物本身经济价值较高。

通常以豆类、薯类、麦类、瓜类、蔬菜为宜。适于间作的豆类有花生、绿豆、大豆、红豆等。这类作物一般植株较矮，固氮作用可提高土壤肥力，与花椒树争肥的矛盾较小。其中花生植株矮小，需要水肥较少，是沙地花椒园良好的间作物。

薯类主要为甘薯和马铃薯。甘薯初期需要水肥较少，对花椒树影响小，后期薯块形成期需要水肥多，对生长过旺的花椒树，种甘薯可使其提早停止生长；但对大量结果的花椒树，容易影响后期的生长。因为甘薯适应性强、产量高，是花椒园中常用的间作物。但甘薯生长旺盛时，绿叶将地面完全覆盖，地面向花椒树树冠反射光极少，花椒树内膛及树冠下部显得光照不足而果实着色欠佳。

马铃薯的根系较浅，生长期短，且播种期早，与花椒树争光照的矛盾较小，只要注意增肥灌水，就可使二者均获丰收，因此是平地、水肥条件较好的花椒园常用间作物。

用于花椒园间作的还有小麦、大麦等。这类作物植株不高，主要在春季生长，须根密集，能增加土壤团粒结构，而且麦类本身经济价值较高。但麦类作物，因根系较深，吸肥力强，早春易与花椒树争夺水肥，因此在用于间作时，要增加水肥，这样可以减少对花椒树的不利影响。

花椒树与蔬菜间作，因其耕作精细，水肥较充足，对花椒树较为有利。但秋季种植需水肥较多或成熟期晚的菜类，则易使花椒树延长生长，对花椒树越冬不利，常造成新梢“抽干”或死树；同时容易加重浮尘对花椒树枝条的为害。

间作物种植应与花椒树有一定距离，通常以树冠外围为限，否则对花椒树和间作物都有不利影响。幼龄花椒树根系不发达，与间作物竞争水肥能力差，因此应距树冠近些，大树根系发达，种的可距树冠远些。此外，水肥条件较好、花椒树干较高、根系较深、树冠枝条稀疏的树种，间作物种得可距树近些。

第四章　花椒树栽植

第一节　苗木准备及挖坑

（一）苗木准备

挖起苗木，尽量带土团。若远地运苗，根部要用稻草外加薄膜包装好，勿使根干燥。剪除部分枝叶，勿受风吹日晒，减少枝叶水分蒸腾。若根未带土，一定要修整断裂根，然后用生根剂溶液浸根或生根剂泥浆蘸根。常用的生根剂有 ABT 生根粉、萘乙酸钠、吲哚丁酸、吲哚乙酸、2,4-滴异辛酯等。如果苗数不多，未用生根剂，也可把苗木根部浸泡在清水中 6~12h 后再栽。

（二）挖坑

挖坑一般要求 60cm 宽、60cm 深。挖出的表土放一边，底土放另一边。2/3 的表土，要混农家肥料，回填到坑底。待稍干后，再将 1/3 的表土加新土推入坑内，开始栽苗。浇足定根水，水浸干后压实。再将底土回填在上，稍高过根颈，再浇水，扶正苗，立撑竿，盖草。筑一个树盘可用于今后干旱时浇水。浇水要透，不宜多次，次数过多，必然影响根的生长。

第二节　定植及移植

（一）定植

定植的株行距，决定的因素很多，如土、肥、水、坡、光、品种、耕作、间作等。

花椒园定植坡度大、株行距小；坡度小，株行距大。土壤肥厚，株行距大；土壤瘦薄，株行距小。品种株型大的，株行距大；反之，株行距小。需要机耕的和间作物的株行距，要特别确定。总之，应达到适宜花椒生育、高产、稳产、长寿的目的。一般是 2~4m 的株行距。土梗定植，土埂一行 3m 左右。庭院定植见缝插针，美观实用。

（二）移栽

1. 栽植方法

（1）穴植。挖深、宽各 40cm 左右的坑，将苗木于穴中，把湿土填在根系周围，填土至一半时，轻轻提一下苗木，使根系舒展，防止窝根，分层填土分层踏实。栽植深度比苗木的原土印深 3~5cm，最后在苗木周围堆一个小土堆，在石质山地也可在穴面上压些石块，以利保墒。有条件的地方，在栽植过程中可浇点水。

（2）压苗栽植。这是一种新的抗旱造林栽植方法，在整好的梯田上挖长 30~50cm（具体长度视苗木大小而定）、深 30cm、宽 15~20cm 的栽植坑，将苗干（根部及部分苗干）顺坑长方向平埋在坑底，使根系舒展，苗木梢部沿坑壁垂直露出地面，填土踏实。栽植后苗木在坑内呈“L”形，苗木在土中部分约占苗高的 3/4（图 4-1）。

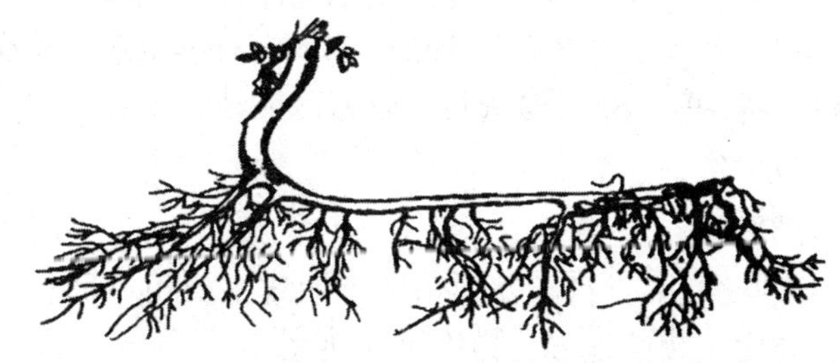

图 4-1　“压苗造林”，二年生花椒树根系情况

压苗栽植，具有以下几个优点。

一是成活率高。压苗栽植造林，不易窝根，大部分苗干埋入土中，减少了蒸腾，有利于苗木体内的水分平衡，有利于产生不定根。造林保存率比一般栽植高10%以上。

二是根系发达。由于埋入地下的苗干部分，可萌发不定根，三年生幼树新发的侧根条数比一般栽植多18.9%，根系鲜重高33.5%。

三是幼苗生长较快。用压苗法栽植的三年生幼树，树高比一般栽植提高14.1%，地径提高30.1%，一年生侧枝多5.9%。

四是挂果早。造林第三年压苗栽植者有61.2%的植株挂果，株产鲜椒26g，一般栽植者仅51.3%的植株挂果，株产鲜椒16g。

五是移植时间长。春、夏、秋三季均可造林。雨季阴雨天造林，叶片很少发生萎蔫，没有明显缓苗现象，也可以边整地边造林。

苗木质量与压苗造林效果有着密切关系，以根系发达苗高在0.8m、径粗0.7cm以上的苗木，压苗移植效果最好，低于这个标准的苗木虽然能取得较高的成活率，但幼树的生长量有明显下降。

2. 移植时间

花椒春季、雨季、秋季均可移植。春季宜早不宜迟，土壤刚解冻时，土壤湿度大，此时效果最好，苗木萌动之后成活率将明显降低。春季土壤干旱，可在雨季趁墒栽植，用常规方法时，要去掉一些叶片，以减少苗木蒸腾。用压苗法，可不必剪除叶片，由于埋入土中的苗干比例大，栽植后基本没有缓苗期。秋季一般在白露以后树木开始落叶时进行，较寒冷的地方要用土将苗干埋起来，以防干梢。

3. 移植密度

一般株距为2m，行距视梯田宽度而定，梯田田面较窄时栽植一行，坡度较缓的地方，梯田田面达到4m左右时，可栽植两行，栽植穴按“品”字形排列。

4. 苗木的蘸根处理

坡地花椒园土壤一般较干旱，为提高移植成活率，移植前可进行苗木蘸根处理，可用 ABT 生根粉（2 号）50~100mg/kg 的溶液浸根 2~3h，或用吸水剂泥浆（100kg 土加 0.5kg 吸水剂和成稀糊状）蘸根，有助于提高成活率。

5. 品种配置

花椒一般不配置授粉品种，但花椒收摘比较费工，在建立大面积花椒园时，要注意早熟晚熟品种的搭配，以延长整个花椒园的采收期。如果品种单一，成熟期集中，会给适时采收带来一定的困难。小红袍成熟较早，大红袍不易裂果采收期可延长 1 个月以上，所以多以两个品种进行搭配，效果很好。

第五章　花椒繁殖

第一节　实生繁育

实生繁育是指利用种子播种的方法进行的繁殖，也叫作种子繁殖。实生繁育是目前花椒生产上常用的繁殖方法，这种方法简单易行，群众易掌握，培育苗木时间短，苗木根系发达，生长健壮，寿命长，适应性强。但采用这种方法培育的苗木单株变异较大，不易保持品种优良特性。

（一）选圃整地

1. 圃地

选择育苗地条件的好坏，影响着苗木产量和质量。育苗地选择不当，会给生产带来难以弥补的损失。因此，为了保证单位面积苗木产出的数量多、苗木质量好，应对苗圃地的环境条件进行认真选择，以免给生产造成时间延误和难以弥补的经济损失。正确选择苗圃地应考虑以下几方面的因素。

（1）位置选择。育苗地最好靠近水源，便于灌溉和管理。其次，苗圃地应建在交通便利的地方，以便于苗木的运输；另外，要尽量靠近建园地，就近育苗，便于栽植，这样可减少运输的麻烦，降低建园成本，并避免苗木因运输造成机械损伤和根系失水，提高栽植成活率。

（2）地形选择。应尽量选择在排水良好、便于灌溉的平地或坡度≤5°、背风向阳的缓坡地。平地地下水位应不高于1.5m，坡地应背风、向阳。严禁在山顶、风口、低洼及陡坡地育苗。

（3）土壤选择。土壤是种子萌芽、苗木生长发育的场所，土壤的水分、养分、孔隙度、酸碱度等性状，对花椒种子的萌发、幼苗生长和成苗质量至关重要，对根系的生长影响尤其较大。因此，花椒育苗应选择肥沃、疏松、土层深厚的沙质土壤、壤土或轻壤土，土壤 pH 值应在 7~8，酸碱度呈中性或微碱性。要尽量避免在纯沙土、黏土上育苗。育苗时还要精耕细作，合理施肥，以提高土壤肥力。改善土壤的温度、湿度和通气状况，为种子发芽和苗木生长创造良好的条件。

2. 整地

整地有利于恢复土壤团粒结构，保持土壤疏松透气，加深耕作层，促进深层土壤熟化。花椒播种前进行育苗地的整理是获得全苗、壮苗的基础。整理育苗地应做好以下几方面的工作。

（1）耕耙。应于育苗前进行秋季深耕，耕作深度 25~30cm。耕地的时间应根据土壤、气候条件和育苗时节而定。一般秋季育苗的，实行秋耕，秋耕应随耕随耙，要求耙平、耙透，达到平、松、匀、碎的目的；而进行春季播种的，实行秋耕或春耕。秋耕后，可在翌年春季“顶凌”时耙地。

（2）施肥。施肥是育苗的重要环节之一，充足的土壤肥力，是促进种子萌发和幼苗生长的重要保证。一般在第一次耕作前，按每 667m^2 施充分腐熟的农家肥 5 000~10 000kg，并配施磷酸二铵 10~15kg，或过磷酸钙 25~50kg 的施肥量，将肥料均匀地撒在地面上，通过翻耕，使肥料埋入耕作层。

（3）培垄作床。播种前，需要根据不同的育苗方式在育苗地上作苗床。有灌溉条件的作低床，无灌溉条件的作平床。土壤较黏时作高床。一般床面宽 1~1. 2m、长 5~10m，埂宽 30~40cm。作床时应注意在苗床之间留出步行道和排水沟，以便苗期操作管理。

（4）土壤处理。为了防止土壤病虫为害，应在播种前 5~7d 进行土壤处理。土壤处理的方法：在床面喷洒 3%的硫酸亚铁水溶液进行灭菌，每平方米喷洒 3~3. 5kg，或将硫酸亚铁粉剂均匀撒入床面或播种沟内进行灭菌。同时将 5%的西维因（甲萘威）按照每 667m² 均匀施入 4~4.5kg，以杀灭土壤害虫。但应注意用药量不宜太大，以免发生药害。如果是临近播种期用药，更要注意适当减少药量，防止影响种子发芽。

（二）采种晾晒

种子是育苗、建园的物质基础，种子质量的好坏直接关系着育苗能否成功、苗木质量的好坏及花椒园的产量和品质。要获得优良的种子，必须注意抓好以下关键环节。

1. 选好种子

产地小量育苗时，一般要求就地育苗，就地采种。而大面积引种育苗时，首先要考虑品种的适应性，应尽量选择种子产地与育苗地之间生态环境差异不大，育苗和建园地的土壤、气候等环境条件接近的地区作为种子产地。

2. 选择优良母树

选择优良的采种母树是收获优质花椒种子的前提条件，只有优良的母树才能结出优质的种子。应选择生长健壮、品种优良、无病虫害、结实年龄在 10~15 年的青壮年结果树作为采种母树。

3. 适时采种

适时采种是保证种子质量的关键。种子采摘过早，则未成熟，内部含水率过高，营养物质还处于易溶态，导致种子不饱满、发芽率低。若采摘过晚，种子易脱落，给采种工作造成困难。因此，选择适宜的采种时间十分重要。适宜采种的时间一般在 7—9 月，当果实充分成熟，果皮颜色由绿色变成紫红色或深红色，种子变为蓝黑色、发亮，有 10%~20%的果皮自然开裂时即可采收。另外，花椒因其品种不同，种子成熟的时间会有较大的差异，采种时应当注意。

4. 采种方法

采种时选择向阳枝梢上着色良好、颗粒饱满的大果穗进行采摘。采种方法是用手摘取或用剪刀将果穗剪下。注意不要折伤果枝，以免影响母树翌年的结实。

5. 晾晒和净种

用来育苗用的花椒果实，果实采收后不能直接在太阳下暴晒，要放在通风良好、干燥的室内或在阴凉通风处，摊在芦席上晾干，使果皮与种子自行分离。摊晾厚度以 3~4cm 为宜，每天翻动 2~3 次，待果皮干裂后，用小棍轻轻敲击，使种子从果皮中脱出。然后将种子放入水缸或盆中，加多于种子 1~2 倍的清水，搅拌揉搓后静置几分钟，除去上浮秕种和杂物，滤去水后再将湿种及时摊放在干燥、通风的室内或棚下阴干，即得到纯净种子。切忌暴晒，否则会使种胚灼伤，丧失发芽力。一般纯净种子每千克 5.5 万~6 万粒，千粒重 16~18g，发芽率可达 85%。

（三）贮种播种

花椒种子采收后，如果是秋季育苗，则可随采随播。但如果计划春季播种，则采后的种子需经历冬季贮藏的过程。常用的种子贮藏方法有干藏、牛粪拌种、牛粪饼贮藏、牛粪掺土埋藏、泥饼堆积贮藏等方法。

1. 种子贮藏

（1）干藏。把阴干的新鲜种子装入麻袋或缸、罐中加盖，放在凉爽、低温、干燥、光线不能直射的房间内即可，但不要密封。用这种方法保存的种子，播种前必须进行脱脂及催芽处理。

（2）牛粪拌种。把新鲜牛粪 6~10 份、花椒种子 1 份混合均匀，放在阴凉干燥的地方。也可将牛粪与种子搅拌好后，埋入深 30cm 的坑内，上面覆盖 10~15cm 厚的湿土，踏实后再覆草，翌年春季取出打碎，连同牛粪一起播种。

（3）牛粪饼贮藏。将 1 份种子拌入 3 份鲜牛粪中，再加入少量草木灰，拌匀后捏成团，贴在背阴墙壁上或放在通风背阴处阴干后堆积贮藏。翌年春适当喷水，使其回潮后轻轻捣碎即可直接播种或经过催芽后播种。此法贮藏的种子发芽率高。

(4) 牛粪掺土埋藏。在潮湿的牛粪内掺入 1/4 的细土搅匀后，再将种子放入拌匀，使每粒种子都黏成泥球状，然后在排水良好的地方挖深 80cm 的土坑（长、宽依种子量确定），先在坑的中央竖立一束草把，坑底铺 6cm 厚的粪土，将拌好的种子倒入坑内，直至和地面齐平；再在种子上面盖草，填土成垄状，以防雨水流进坑内。注意要让草束露出垄面。春播前再经过催芽处理即可播种。

(5) 泥饼堆积贮藏。将 1 份种子与 4～5 倍的黄土和沙子（黄土和沙子比例 2∶1）加水搅拌、揉搓和成泥，做成约 3cm 厚的泥饼，摊在背阴防晒的地面上或贴在背阴防雨的墙上，避免阳光暴晒。泥饼晾干后，将其搬放在通风、干燥、阴凉、光线不能直射的房间内堆放。

2. 种子质量的鉴别

刚脱出的种子，湿度较大，必须及时摊放在干燥、通风的室内或棚下阴干。但如果在太阳下暴晒或堆集在潮湿的地方引起种子发热、发霉，则会使种子降低或丧失发芽能力。可采用以下方法鉴别种子质量的好坏。

(1) 看光泽。种子外皮较暗、不光滑的为阴干的种子，质量好；而种子外皮光滑的为晒干的种子，质量差。

(2) 观种阜。种阜处组织疏松、似海绵状的为阴干的种子，质量好；种阜处因种内油脂外溢后干缩结痂的为晒干的种子，质量差。

(3) 察种仁。切开种子观察种仁，若种仁白色，呈油渍状，黏在一起的是阴干的种子，质量好；若种仁呈黄色或淡黄色，似黏非黏的，则是烘过或晒过的种子，或是长期堆集在一起发热变质的种子，此类种子质量差。

（四）催芽播种

1. 种子处理

花椒种子种壳坚硬，外层具有较厚的油脂和蜡质层，不易吸水，发芽困难。因此，对秋播或春播前的干种子，必须进行种子处理。种子处理的方法有碱水搓洗法、湿沙层积催芽法、牛粪混合催芽法等。

(1) 碱水搓洗法。按 100kg 种子，用碳酸钠 1.5~2.0kg，再加适量的温水，浸泡 3~4h，用力反复揉搓，去净油皮，使种壳失去光泽，表面现出麻点，将去掉油皮的种子用清水洗净碱液，再拌入沙土或草木灰即可秋播。

(2) 湿沙层积催芽法。选择在背风向阳、排水良好的地方挖深 40~50cm、宽 1m、长度按种子量而定的沟，沟内每隔 2m 左右竖立一束草把，然后将搓洗好的种子与含水 40%~50% 的湿沙（以用手能握成团，松手即散开为好）按 1 : 2 的比例拌匀后贮于沟中，堆至距沟沿 16cm 左右时，在上面覆盖湿沙，至与地面平行，随后稍做镇压，再填土呈垄状。贮存期间注意检查和翻动种子，以防发霉。经湿沙贮藏的种子，已起到催芽作用，翌年春季土壤解冻后种子膨胀裂口时取出及早播种。沙藏时间一般不少于 50d。

(3) 牛粪混合催芽法。在排水畅通处先挖深 30cm 的土坑，将种子、牛粪各 1 份搅拌均匀后放入坑内，灌透水后踏实，坑上盖 3cm 厚的湿土一层。期间如果温度过高，则在上面的土层变干后立即洒水，以保持坑内湿度，7~8d 后即可萌芽春播。

2. 适时播种

(1) 播种时间。花椒播种可在春季或秋季进行。

春播。在早春土壤解冻后的 3 月中旬至 4 月上旬进行。当地表以下 10cm 深的地温达到 8~10℃ 时为适宜播种时间。若按节气计算，则在惊蛰至春分时播种为宜。春播适宜于春季降水较多、土壤湿润的地方或无灌溉条件的山地育苗采用。如果采用沙藏，需要随时检查沙藏种子的出芽情况。一般在幼苗出土后不受晚霜冻害的前提下，以早播为佳。

春播的优点：种子在土壤中时间较短，受风沙及鸟兽危害机会少；另外，春季播种，播种后地温很快升高，有利于发芽，出苗时间短，幼苗出土整齐，苗木出土后也不易遭受冻害。

春播的缺点：播种时间短，田间作业紧迫；种子需要经历冬藏和催芽处理，育苗成本加大；技术复杂，椒农不易掌握。

秋播。适宜于冬季温暖或春季干旱的地区。秋播一般在土壤封冻前的10月下旬至11月下旬进行，但对晚熟品种也可以随采随播。

秋播的优点：秋季播种的种子在土壤中完成冬季贮藏和催芽环节，减少了种子冬藏和催芽的复杂环节，且秋季种子发芽出苗早，可以比春季播种提早出苗10~15d，苗木生长期长、根系大，苗木抗旱能力强、生长健壮、成苗率高；秋季适宜播种的时间较长，便于安排劳动力；另外，秋季一般土壤墒情好，可以避免干旱地区春季播种后因春旱造成出苗差的情况发生。

秋播的缺点：种子在地里埋藏时间较长，易遭受鸟兽危害。因此，在鸟兽危害严重的地方，秋冬季播种，需要加大播种量；另外，秋季种子发芽出苗早，在一些地区需要注意防止晚霜冻。

（2）播种方法与播种量。花椒常用的播种方法有条播和撒播两种。

条播。即人工开沟播种，就是在整好的畦内，按照行距20~25cm、沟深2~3cm进行开沟，每畦开沟4~5行，沟底要平。下种时，将种子均匀地播在沟内。每667m^2播经过筛选的纯净种子10~15kg。播种后覆土厚1~3cm，或覆盖薄土（以不见种子为宜）后，再在播种沟内覆上1.5~2cm的细沙。在土壤干旱、土壤疏松及土壤水分不足时，覆土后进行镇压。镇压后用塑料膜或柴草进行覆盖。

条播的优点：节约种子。苗木出土后按行排列，便于松土、除草等圃地管理。

条播的缺点：播种较麻烦，费工费时。

撒播。将种子均匀撒入畦内，然后通过耕作耙耱，将种子埋入土内。播种量可在条播播种量的基础上适当增加，一般每

$667m^2$ 播经过筛选的纯净种子 20～25kg。播后镇压、覆盖。

撒播的优点：省工省时，产苗量高。

撒播的缺点：撒种难度大，苗木出土后不便于松土、除草等项目的管理。

（五）覆盖与除草

花椒从种子播种到苗木出圃，需进行一系列的管理才能保证顺利出苗和健壮生长。重点应做好以下几方面的工作。

（1）覆盖。播种后要喷洒 1 次足水，然后进行覆盖。覆盖能够防止土壤板结，保持土壤水分供应，抑制杂草生长，提高种子发芽率。覆盖物一般选用柴草、秸秆或塑料薄膜。秸秆覆盖可用干净的麦草等，覆盖不宜太厚。当幼苗 60%～70%出土、达 2～3 片叶时，应分 2～3 次及时撤除秸秆；塑料薄膜覆盖多在早春低温干旱时使用。覆盖前应检查土壤墒情，如土壤水分不足，应喷水补墒后再进行覆盖。塑料薄膜覆盖能起到明显的增温、保湿效果，促进提早出苗。但塑料薄膜覆盖，在出苗后要注意观察，并及时破膜培土，以免幼苗出土后顶在膜上受到灼伤。

（2）除草。中耕除草能够疏松土壤、减少土壤水分蒸发、防止土壤板结、清除杂草、促进苗木生长，松土深度以 2～4cm 为宜。中耕除草多在浇水或降水后进行。秋季播种的苗地，应在翌年春季土壤解冻后立即进行松土；春季播种的苗地，当喷水后土壤表面产生板结时可轻轻疏松表土。苗木出土后，当苗高长到 10～15cm 时就要适时拔除杂草，以后可根据杂草生长和土壤板结情况随时进行中耕除草。一般全年松土除草要进行 4～5 次，杂草多的地方应除草 8～9 次，拔除杂草时应注意不要伤苗。

（六）间苗定苗

在花椒幼苗出土基本整齐后，选择阴天或晴天傍晚揭去盖草。待幼苗长到 3～5cm 时，开始第一次间苗，以后每隔 15～20d 再间苗 1～2 次。苗高达 10cm 左右时进行定苗。定苗后使苗距保持在 10cm 左右，每 $667m^2$ 留苗约 20 000 株。间出的幼苗可带土移栽到断行缺苗的地方，也可移栽到别的苗床上继续培育。移栽时，幼苗以长出4~5片真叶时移栽为好。移栽时间应选择在阴天或傍晚进行，以提高移栽成活率。

（七）水肥促壮

（1）灌水。秋播的种子在立冬后要喷浇1次水，春季如遇干旱不雨，可再次用喷壶或喷雾器喷水浇灌。切忌引水漫灌，漫灌易引起土壤板结，影响出苗。大雨过后要注意及时排水，以避免长时间积水引起根系腐烂、苗木死亡。出苗后，可根据天气情况和土壤墒情决定是否灌溉。一般施肥后应根据墒情和肥料特性进行灌溉，以使肥效尽快发挥。苗木生长后期应控制浇水，以防贪青徒长导致木质化差，影响越冬。

（2）追肥。花椒苗出土后，在5月中旬至6月中下旬进入速生期，此期也是需肥最多的时期，应每667m^{2}追施20~25kg的硫酸铵等速效氮肥1~2次，以促进生长。对生长偏弱的苗圃，可在7月上中旬至8月中旬再追施1次尿素或硝酸铵等速效肥，每667m^{2}施肥20kg左右。在7—8月苗木生长旺盛期，用1%~2%的磷酸二氢钾进行两次根外追肥。但追施氮肥不能过晚，最迟不能晚于8月下旬。若追施氮肥过晚，会造成苗木贪青徒长，木质化程度低，容易冬季受冻。施肥时，可将化肥均匀地撒在床面上，随机浇水，然后根据情况进行松土除草。

第二节　嫁接繁殖

（一）嫁接的概念和作用

把植物的枝、芽等器官接在另一株植物的适当部位，使之成长为一个新个体的方法，就称嫁接繁殖法。这种枝和芽叫接穗，承受接穗的植株称砧木。其作用是：保持良种遗传性和经济价值；增强对环境的适应性和抗逆能力；提前开花结果；增加观赏价值。

（二）嫁接成活的原理

嫁接成活的原理主要是两个亲本的形成层细胞紧密结合产生激素，刺激形成层加速分裂细胞，使伤口愈合。这群未分化的薄壁组织叫愈伤组织或愈合组织。除形成层外，其他韧皮部和木质部的薄壁细胞、髓和髓射线细胞也参加形成愈伤组织。由于有细胞的胞间连丝联系，使水分、养分等物质的交换顺利进行。以后双方进一步分化出新的输导组织和其他组织，使接穗和砧木相互同化、共营生活，形成新的整体。

（三）影响嫁接成活的因素

1. 内在因素

接穗和砧木双方的亲和性是主要的内在因素。无亲和力，不能成活；亲和力强，容易成活。现在栽培的花椒品种和野生的花椒种都是同属的，亲缘关系近，容易嫁接成功。如正路椒与高脚黄椒、青（花）椒与藤椒、青（花）椒与竹叶椒等，而柑橘类与花椒是同科异属的，亲缘关系远，未见成功嫁接的案例报道。

2. 环境因素

（1）温度。花椒有落叶树，也有常绿树，对温度要求相差大。春季萌芽早的，对温度要求较低；萌芽迟的，对温度要求较高。温度对愈伤组织的形成很重要。春季在20cm深处的地温在14℃以上，地面气温在15～20℃时，嫁接的伤口愈伤组织就可形成。

（2）湿度。湿度对愈伤组织形成也很重要。要求在接口处空气潮湿，相对湿度最好接近饱和状态，而不是滴水状态。以前嫁接，为了防止接口干燥，用过堆土、包叶、涂泥、涂蜡等方法，有一定效果，但嫁接成活率不高。现今用上了塑料薄膜包扎，嫁接成活率有所提高。

（3）空气。空气是植物生长不可缺少的条件。嫁接处的伤口，也需要空气才能愈合。嫁接时用树皮、塑料带包扎，或外加罩袋，都不会完全隔绝空气。

（4）光照。光是绿色植物生长的必要条件，通过光合作用提供物质基础。在嫁接中愈伤组织的形成，只要接穗和砧木有足够的营养物质，就不需要光照。但愈伤组织形成后，就需要适当的光照，使细胞分化、形态建成，机械组织、输导组织形成，嫁接就算成功。

3. 人为因素

主要是亲本选择问题、季节安排问题、技术熟练程度、工具的好坏情况，这几个问题解决得越好，嫁接成功率就越高。

（四）花椒嫁接方法

嫁接方法很多，本书只介绍几种。

1. 切接法

（1）时间。多在春季进行切接，川西南地区多在惊蛰左右处于顶芽萌动初期（气温已达到16℃以上）。

（2）砧木。宜选较小的苗木，离地6～8cm，剪去上面部分，用刀修平剪口，选择树体较平滑的一侧，稍带木质部垂直下切一刀，长度3～5cm。

（3）接穗。为了防止水分蒸发，穗条抽干，20世纪末期，在枝接方面，应用了改良的蜡封新技术。接穗上面要留2～3个芽，最好是一顶多芽。下端削1个长3～4cm的长斜面，在其背面削一短斜切面，长约1cm。

（4）接合。将接穗插入砧木的垂直切口中，使长斜切面向内，短斜切面向外，接穗露白0.5cm。若接穗切面与砧木切面宽度相等时，两侧形成层都可接合，但通常只能做到一边对齐。

（5）捆扎。用湿润的麻皮或构树皮绑紧，再用塑料条将刀口和伤口全部包严密，造成一个温、光、湿、气适宜的小环境（图5-1）。待新梢伸长20～30cm时，立一支柱，以防被风吹断，同时将嫁接捆扎物除去。

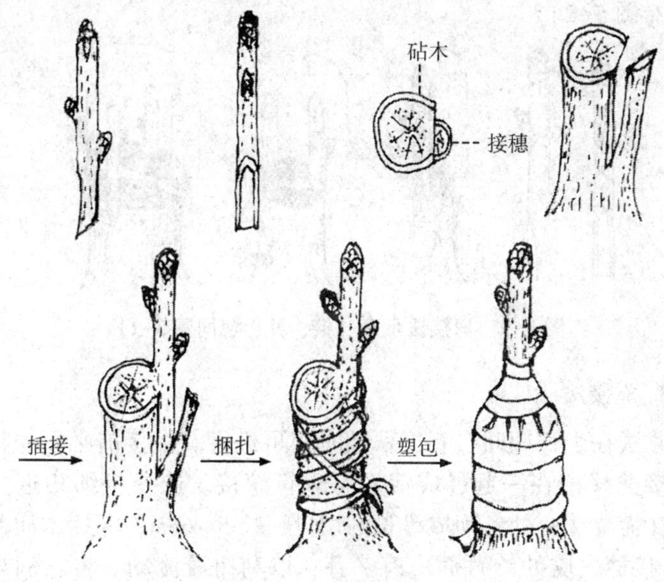

图 5-1　切接法示意

2. 劈接法

（1）时间。主要在春季，时间与切接相同，也可提前到砧木未离皮时。

（2）砧木。将砧木在树皮通直无节疤处锯断，用刀削平伤口。砧木一般比较粗，但太粗了不易劈开，劈口夹力又大，易夹伤接穗；太细了又夹不紧，影响成活，宜选择粗细合适的砧木。在砧木中间立劈一刀，并用木槌或木棍往下敲形成劈口，深度 4~5cm。

（3）接穗。接穗仍然要用蜡封，留芽 2~4 个。接穗左右各削一刀，形成楔形，长度 4~5cm。削面要平，角度要合适。

（4）接合。劈接刀在刀背上一般有铁钩，利用这个铁钩将劈口撬开。如无铁钩，改用螺丝刀撬开也可。插入接穗，务必使外侧的形成层密切接合，接穗切削面要露白 0.5cm，使愈合更好。通常 1 个接口可接 1~2 个接穗。偶有一桩头接 4 个穗者。

（5）捆扎。同切接法。但伤口面要抹泥，之后还要套塑料口袋并捆住，待芽萌发后，等几天就要去除口袋。15d 后，去除捆扎物（图 5-2）。

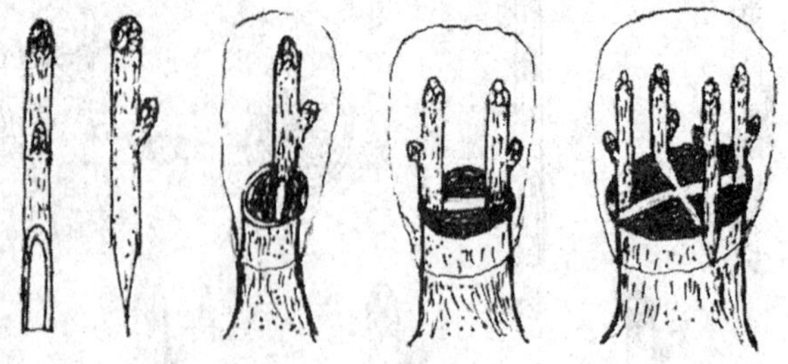

图 5-2　劈接法示意（接、扎、包同图 5-1）

3. 靠接法

此法在生长期间自春至秋随时都可进行。嫁接前必须先将砧木与接穗移植在一起，成活后可进行嫁接。选择粗细相近的枝条，在需要接合处各削成等长的切口，长 5~6cm，深达木质部的 1/3。接穗去皮处的背面应有一芽，以利树液流动。将它们靠在一起，形成层相互对齐后，用湿润麻皮或构树皮捆扎后涂泥，再用塑料条包严（图 5-3）。待愈合好后，剪去砧木的上部和接穗的下部，即成一新株。以后要除去砧木上生长的萌蘖。

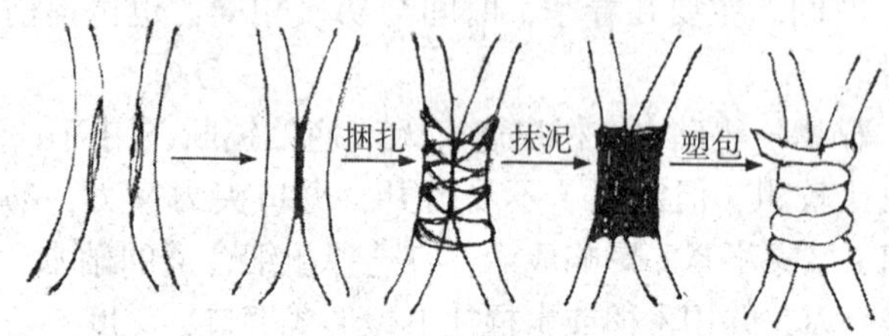

图 5-3　靠接法示意

4. 桥接法

桥接法主要在花椒生长期主茎部分位置因病虫害或机械损伤，造成树皮腐烂而危及生命的树体。通常有两种接法：一是枝条上下插接；二是病斑下新梢或萌蘖枝梢插接。

（1）枝条上下插接。用利刀在树干伤口的上下各削一个稍带木质部的约 2cm 的口子。选取适当长度能弯曲的枝条，在两头各削一个约 2cm 的稍带木质部的长斜面。在长斜面背面削一个约 1cm 的短斜面。长斜面向内，短斜面向外，两头都插入树干的削口中。用湿润麻皮或构树皮捆绑，再用塑料带捆封好（图 5-4A）。

（2）病斑下新梢、萌蘖枝插接。在树干伤口的上方，削一个约 2cm 的口子。在树干伤口的下方选一年生枝梢或萌蘖枝梢把顶端剪去，朝向树干一方削一带木质部约 2cm 的长斜面，在背面削一个约 1cm 的短斜面。把枝梢插入接口，用植物皮捆绑，再用塑料带捆封好（图 5-4B，图 5-4C）。

（3）桥接成活后，解除捆绑物。接穗常会长枝发叶，当年不必除去，以利枝条长粗，翌年应当剪除，有利于花椒树的生长。

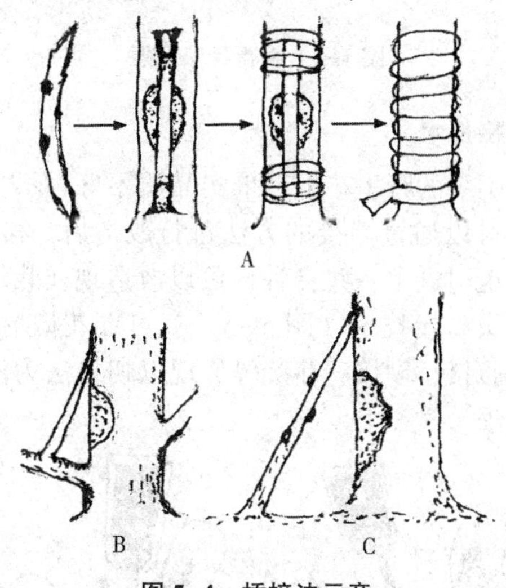

图 5-4　桥接法示意

5. 根寄接法

原来栽的实生树，因土质或水分问题，不宜根系发展，致使树冠生长不良；或原来的嫁接树，因根颈及骨干根受到病虫伤害，都可用根寄接法补救。在树干附近栽一株旺盛的苗木，或在树干左右各栽一株。栽活后去顶接在树干上，以补助根系吸收肥水、增强对树冠的支撑力，促进树势迅速恢复。栽的苗木宜距树干稍远，接合点较高，这样有利水分和养分的运输，嫁接效果更好。在生长期进行嫁接，树干上的削口和幼苗上端的切削面见图 5-5。接合时，长削面插进木质部，短削面紧贴树皮。之后，用植物皮捆绑，再用塑料带扎封好。2 个月左右去除包扎物。半年以后要严格控制砧木苗的萌蘖生长，否则起不到根寄接的作用。

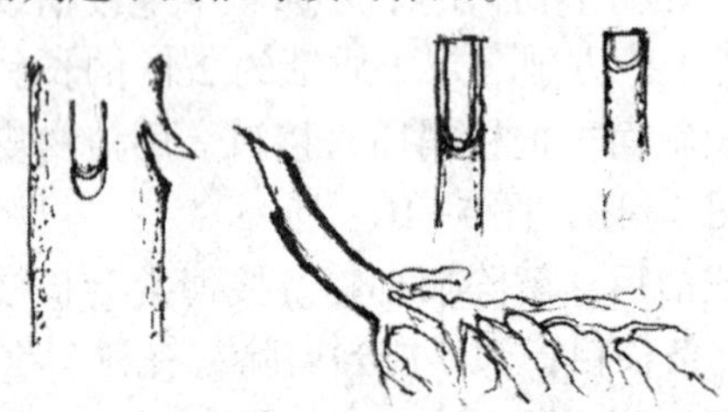

图 5-5　根寄接法示意

6. 多头高接技术

在山区有不少的野生花椒，果实品质不好，不宜食用。但已树大根深了，可以通过高接的方法进行改造后，移植入花椒园；另外，从国外也引进了一些良种，可以改造现在栽培的品种。所以改劣换优多头高接技术（图 5-6）就可在花椒树上应用起来，方法有切接、腹接、剥接、芽接等。现以切接法为例，介绍技术要点及注意事项。

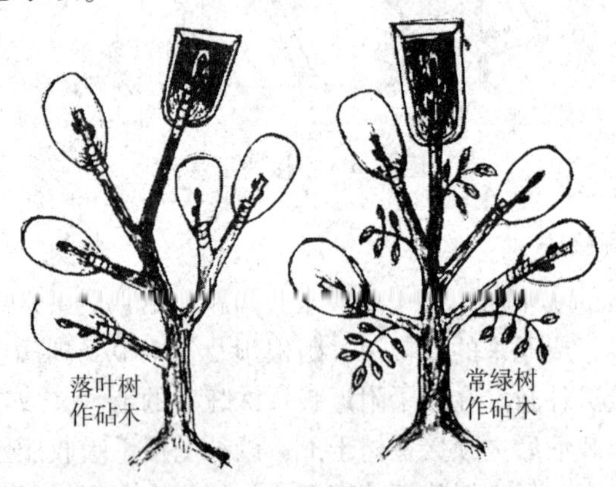

图 5-6　花椒树改劣换优多头高接技术

(1) 时期最好是在春季树液开始流动、顶芽萌动时。那时根系的养分往上运输，伤口容易愈合。

(2) 进行多头高接，先把所有的接头树枝全部锯断，而后一个一个地嫁接。不要接一个、锯一个头，以免锯树时损坏已经接好的部位。对一株树的高接，最好一年一次性完成。也有人主张分两年完成，当年嫁接一半，翌年再接另一半，这样有利于根吸收的水分和养分。但水分和养分很容易供给没有嫁接的半数枝条，使嫁接的半数枝条长势非常弱，甚至逐渐死亡。

(3) 在一株树上嫁接的部位，一般中央干嫁接的高度应稍高，以保持优势。其他的主枝、侧枝和副侧枝嫁接部位要根据安排的整枝形式酌情决定，达到树冠圆满紧凑、立体结果的目的。

(4) 落叶花椒树作砧木，在上一年冬季落叶前就已经把养分回收到根系和枝干内。春季嫁接时，其愈合、萌发力强，嫁接成活率高，容易生长。以后要经常除去砧木上萌发的枝叶，防止其对养分的争夺。而常绿树作砧木的根系和枝条，所含的养分比较少，必须依靠叶子行光合作用制造有机物，以提供给接口愈合和接穗生长的需要。嫁接后不能让砧木枝干萌芽长新叶，而只能保留老枝叶行光合作用制造的养料供给接芽的萌发生长。随着接芽枝叶的生长，砧木枝叶逐步剪除。当接穗上的枝叶很多时，才能把砧木上保留的枝叶全部除去，这样有利于接穗的迅速生长。

(5) 接穗一定要选用粗壮充实的一年生枝，而且芽要饱满。最好是带顶芽的枝段。落叶花椒树枝作接穗，要采用蜡封的办法。蜡液温度要控制在80~90℃；常绿树枝作接穗，因枝条的皮没有厚的保护层，不宜进行蜡封，以免烫伤接芽。

(6) 嫁接后都要用塑料袋、玻璃纸袋或长条纸烟盒保护，还可以加湿润的苔藓保湿。但要防止阳光直射使温度升高不利伤口愈合，最好上面加盖遮阳罩，或用树枝叶在上方悬挂遮阴。

（五）花椒接穗的蜡封技术

花椒在切接和劈接前，为保持嫁接后接穗的湿度，防止抽干，有利于嫁接成活，多采用对接穗的封蜡新技术。

冬季贮藏的枝条或刚剪下来的枝条，剪成顶端有饱满芽的长度 12cm 左右的接穗条，手拿 1~3 枝接穗的下端，把接穗的上端在蜡中蘸一下，立即拿出来放在薄膜上摊开，其他接穗继续蘸蜡。当温度下降到 85℃左右时，手拿接穗的上端，把接穗的下半部分蘸蜡，立即拿出来在湿润的纱布上摊开。当温度下降到 70℃左右时，暂停蘸蜡，重新加热，进行蜡封。

（六）花椒嫁接用刀、剪、锯

1. 刀、剪、锯

主要嫁接用工具有枝剪、芽接刀、电工刀、切接刀、手锯、劈接刀、自制嫁接刀（图 5-7）。

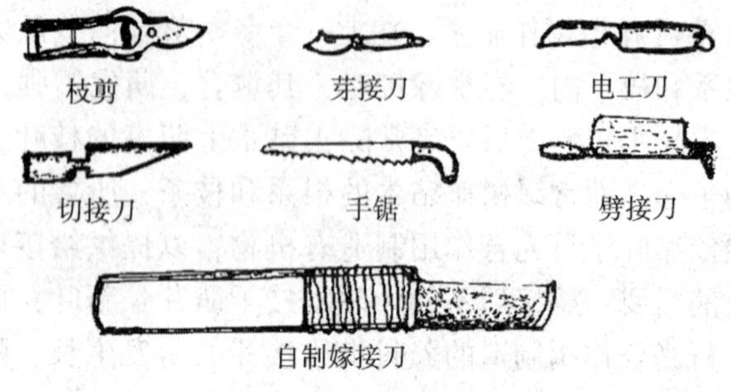

图 5-7 嫁接用刀、剪、锯

2. 几种刀的用途

枝剪可用于剪枝条、剪小的桩头；芽接刀用于削芽片、修桩头；切接刀主要用于切接口；劈接刀用于桩头较大的砧木；手锯用于较大的枝茎；电工刀用于切接及削粗壮接穗；自制嫁接刀成本低廉、取材方便、制作简易，用途较广。

3. 自制嫁接刀制作法

选用钢质好的废钢锯片，长 10cm 左右，用竹片夹住锯皮的一端，作为刀柄。刀柄的长度，以使用方便为宜，一般是 6cm 左右。先将锯片一端夹在中间，留出 4cm 长的刀身，用铅丝或麻皮捆扎，然后用砂轮或粗油石打磨，是双面口或单面口自定。打磨时，要不断加水，防止过热；过热即停止，待冷却后再磨，要防止出现厚薄不匀的现象。

第三节　扦插繁殖

花椒可用插条繁殖。优点是材料充足，成苗快、开花早，并能保持原品种的固有优良特性。缺点是无主根、寿命短、生根较难、技术要求高。但只要认真对待、把握好各个环节，能够做到扦插生根、成活。

（一）扦插生根所需的环境条件

1. 温度

土温在20℃左右，高于环境温度2～4℃，使插条先发根后萌芽。

2. 湿度

土壤要湿润，但太湿了不通气，易烂枝条。软材插要用塑料薄膜覆盖保湿，提高空气湿度为80%～90%，防止枝叶凋萎；硬材插对空气湿度要求不严格。

3. 光照

扦插需要一定的光照，这不但是为了提高温度，也能防止杂菌的发生。对于软材扦插来说，光照可使枝叶进行光合作用制造有机物促进生根。多数试验证明了插穗中碳水化合物含量越充足，其生根率也越高。但烈日暴晒会烧条，所以扦插初期应适当遮阴；当根系生出后，可逐渐给予充足的光照。

4. 扦插基质与氧气

扦插基质应具有良好的通气条件，并能保持一定的湿度。硬材插可在含沙量较高的肥沃沙壤土中进行；软材插可在河沙、蛭石、泥炭、砾石、木炭粉、水藓、煤渣中有选择地配合作为基质中进行。基质最好进行消毒杀菌：可用1%～2%的甲醛液或用0.1%的高锰酸钾溶液喷洒基质；最方便易行的措施就是日光暴晒。

（二）促进生根的处理法

1. 植物生长激素处理

常用的有吲哚丁酸、吲哚乙酸、萘乙酸等，这些物质都不溶于水，在配制溶液时，先称好一定的量，分别溶解在少量95%酒精中，然后加水到所需要的浓度。对生根难度大的植物，浓度应达到50~200mg/L。配好溶液后，要当天处理，过久影响效果。将采集的一二年生花椒枝条，截成20~30cm长的插穗。将插穗扎成小捆，将基部浸入溶液中，经24h后取出待扦插。

关于激素的利用，各地试验很多。在四川南充的试验：用0.06%的萘乙酸，浸插条24h，对促进生根和抽梢均有良好的效果。又据报道：先把吲哚丁酸溶解在极少量酒精中，再用200倍水稀释，再将插条基部放进去5s，然后扦插，效果良好。

关于激素利用的浓度和植物种类问题，各有差异，应先做试验后推广。

2. 其他化学试剂处理

（1）蔗糖。用5%~10%蔗糖溶液浸泡插条基部12h左右，以增加体内的碳水化合物。处理完后用清水洗净切口，然后扦插。

（2）高锰酸钾。插条基部用0.2%~0.4%高锰酸钾溶液浸泡24h。

（3）维生素B_{12}。用维生素B_{12}针剂，加水1倍，浸泡插条基部10~15min。

3. 环状剥皮

环状剥皮是物理处理中的一种。在欲剪插条的枝的下端进行环状剥皮，使养分积聚在环剥部分的上端，也就是插条的下端。用塑料薄膜包扎保湿，待形成愈伤组织后，再剪取插条进行扦插。

（三）实施扦插

1. 时期

半常绿和常绿树，在8—9月的生长季节可行软材插，因为此时降水多，气温也不高。要选当年生长的半成熟枝，而且还要带点绿叶，基部亦可带少许老枝。硬材插多在休眠期的早春扦插。秋末落叶后采一二年生枝条，经埋藏到翌年春季扦插。也可在春季萌发前结合修剪取插条进行扦插。

2. 方法

在处理好插条和整理好插床后，按 40cm 的行距、10cm 的株距进行斜插，使插条外露 2~3cm。踏实后灌水，待水渗干后，在行间盖草，再搭塑料膜棚或苇帘或遮阳罩。以后要加强对光照、温度、水分等的调控管理。

第六章　花椒肥水管理

第一节　合理施肥

花椒树正常生长结果需要多种多样营养元素和硼、锌、铜、锰、铁、钼等微量元素，花椒树每年要从土壤中吸收大量的营养元素，供树体生长结实的需要。施肥的种类、数量、方法适当与否，直接影响花椒的生长与结果。合理施肥必须因地、因树制定，才能达到预期的效果。

一、肥料种类

有机肥料指动物性和植物性的有机物、厩肥、土粪、人粪尿、塘泥、禽类粪便、饼肥、绿肥、杂草、秸秆、枯叶及骨粉、屠宰场的下脚料等。有机肥是安全肥料，含有植物生长发育需要的多种元素和生长素，肥效较高，是一种完全的长效肥料，在分解过程中逐渐释放出各种养分，可以长期均衡地供给花椒生长发育。有机质在土壤中分解还可疏松土壤，改良土壤结构，提高涵养水分的能力，创造良好的根际环境，不论幼树或成树均可施用（表6-1）。

表6-1　常用有机肥氮、磷、钾含量

名　称	氮（%）	磷（%）	钾（%）	状　态
人粪	1.04	0.36	0.34	鲜物
人尿	0.43	0.06	0.28	鲜物
人粪尿	0.50~0.80	0.20~0.40	0.20~0.30	腐熟后鲜物
猪厩肥	0.45	0.19	0.60	腐熟后鲜物

（续表）

名　称	氮（%）	磷（%）	钾（%）	状　态
羊厩肥	0.83	0.23	0.67	腐熟后鲜物
马厩肥	0.58	0.28	0.63	腐熟后鲜物
牛厩肥	0.45	0.23	0.50	腐熟后鲜物
土粪	0.12~0.58	0.12~0.68	0.12~0.53	风干物
堆肥	0.40~0.50	0.18~0.20	0.45~0.70	鲜物
鸡粪	1.63	1.54	0.85	鲜物
大豆饼	7.00	1.32	2.13	风干物
棉籽饼	3.41	1.63	0.97	风干物

在施用时，应注意用腐熟的肥料，无论选用何种原料配制的有机肥，均需要经高温（50℃以上）发酵7d以上，消灭病菌、虫卵、杂草种子，去除有害的有机酸和有害气体，使之达到无害化标准。如用沼气发酵，密封贮藏期应在30d以上。未经腐熟就施用，有伤根的危险，且易生虫害。如果施用未腐熟的秸秆、垃圾等，应加施少量的氮肥，如清粪水或尿素等，促进腐熟分解。

（二）绿肥

绿肥是一种完全肥料，含有比较丰富的有机质和氮、磷、钾及多种微量元素。

绿肥作物大都具有强大而深的根系，生长迅速，可以吸取土壤较深层的养分，起到集中养分的作用。残留在土壤中的根系腐烂后，有利于改善土壤结构和增强土壤有机质。豆科绿肥有根瘤菌，可以吸收固定空气中的氮素。绿肥经过翻耕后可以增强土壤中的氮、磷、钾、钙、镁等营养成分和有机质。在坡地和沙地种植多年生绿肥作物，可以防风、固沙、保持水土。常用绿肥有草木樨、紫花苜蓿、毛叶苕子、聚合草、三叶草等。

对豆科绿肥宜施用磷肥，施磷肥可以增加鲜草产量，也增加了固氮量，可以起到“以磷换氮”的作用。绿肥压青或刈割时期，应掌握鲜草产量和肥分含量最高时进行。一般以初花期和盛花期压青翻倒压在树冠下，压后灌水，或刈割后易地堆沤，待腐烂后取出施于树冠，一般适于高秆绿肥，如柽麻等。压绿肥在摘椒后将其结合深翻压入树冠投影外围 40cm 左右深的土层中，每株每年压鲜草 40 ~ 50kg，过磷酸钙 0.5 ~ 2.0kg，尿素 0.5~1.09kg。

绿肥种植季节可分为冬绿肥和夏绿肥两类，冬绿肥在秋季或冬季播种，翌年春夏之间利用，夏绿肥在春夏播种，当年秋季利用。按绿肥植物的生命周期，又可分为一年生绿肥和多年生绿肥植物。绿肥种类很多，现介绍几种作为参考。

（1）苕子又叫肥田草、野豌豆、兰花草、苕草等，是目前种植最广的一年生豆科绿肥。9—10 月间播种，667m^2 用种子 1.5~2.5kg，点播、条播、撒播均可，翌年 4—5 月可收割或直接翻入土壤压青。种子 8 月成熟。

（2）箭舌豌豆本种肥效高，种子产量比苕子高，是值得栽种的一年生冬绿肥。9—10 月播种，667m^2 需要种子 1.5~2.5kg，翌年 4—5 月收割鲜草或翻耕压青。另外，大荚箭舌豌豆的肥效和产量都超过本种。

（3）蚕豆是一种重要的冬绿肥，冬季播种。用作绿肥的蚕豆，最好在盛花时收割利用，因为这时植株内养分积累最多，肥效最高，而且在土壤中容易腐烂分解。如果夏收蚕豆，必须在茎秆发枯前收割，否则不易分解，肥效也低。

（4）绿豆用作夏季绿肥，5—6 月播种，667m^2 用种子 1.5kg 左右，待盛花时就可利用。

（5）大叶猪菜豆为一年生夏绿肥，4 月下旬至 5 月播种，一般采用条播，667m^2 用种子 1.5~2kg，秋季利用。留种用的种子在 10 月采收。

（6）多变小冠花原产地中海，是多年生豆科绿肥，也可作饲料。它生长快，地面覆盖度大，在花椒园内种植，不仅可以提供高产优质的绿肥，而且减少土壤水分蒸发作用。春、秋两季可播种和扦插，每年收割鲜草 3 次，每 667m^2 产量可达 10 000kg。

（三）化肥

化肥一般含有较单一的营养成分，养分含量明确，养分含量高，速效性强，施用方便，容易被吸收等特点。有多种类型，一类是由一种元素构成的单元素化肥，如尿素，另一类是由两种以上元素构成的复合肥料，如磷酸二氢钾。化肥通常多作追肥。化学肥料因不含有机质，长期单独使用或用量过多易改变土壤的酸碱度，并破坏结构，会使土壤板结，容易引起缺素症。过量施用，也易引起肥害，或被土壤固定，或流失造成浪费。所以一般应与有机肥料配合施用（表 6-2）。

表 6-2　几种化学肥料的养分含量

名　称	主要成分化学分子式	养分含量（%）
硫酸铵	$(NH_4)_2SO_4$	含氮 20~21
氯化铵	NH_4Cl	含氮 24~25
碳酸氢铵	$HH_4\ HCO_3$	含氮 17~17.5
氨水	NH_4OH	含氮 16~17
硝酸铵	$NH_4\ NO_3$	含氮 34~35
尿素	$CO\ (NH_2)_2$	含氮 45~46
过磷酸钙	$Ca\ (H_2PO_4)\ +CaSO_4$	含磷酸 16~18
骨粉	$CO\ (PO_4)_2$	含磷酸 20~30
氯化钾	KCl	含氧化钾 50~60
硫酸钾	K_2SO_4	含氧化钾 48~52

现简要介绍几种花椒常用化肥的性能、特征及其施用要点。

1. 氮肥

氮肥的品种很多，根据氮素的形态，可分为以下 4 种：铵态氮肥，是含有氨（NH_3）或铵离子（NH_4^+）形态的一类氮肥，有氨水、液态氨、碳酸氢铵、氯化铵、硫酸铵（又叫硫酸亚、肥田粉）等品种；硝态氮，即含有硝酸根离子（NO_3^-）形态的一类氮肥，如硝酸钙、硝酸钠等品种；硝铵态氮肥，即兼含有硝态和铵态两种形式的氮肥，如硝酸铵（又叫硝铵）、硝酸铵钙等品种；

酰胺态氮肥，即含醛氨基或在分解过程中产生酰胺基的氮肥，如尿素和石灰氮等品种。

（1）铵态肥料。氨水，含氮量12%~17%，液体，强碱性，挥发性强，有渗漏问题，有强烈的腐蚀性，在旱地使用时无论作基肥或追肥都应开沟深施。水田可随水淌灌，贮运过程中应防挥发、防腐蚀。氨水的氨是以气体的分子态溶于水中的，很容易逃逸到空气中，不但引起氮素的损失，有时还会熏坏种子、幼苗。所以施用时应掌握两条原则，一是要深施盖土；二是要添加一定的磷肥和有机肥作吸附剂。具体办法：①作底肥，在播种前施入土中，最好配合磷肥、有机肥全层施用。耕翻整地后，再播种。②作追肥，根据氧水的含氮量，兑水稀释到0.3%~0.4%的浓度，如干施，要掺加20~40倍的细土或堆肥，在离根系6cm的地方挖沟或挖窝，深6cm左右，然后施用并立即覆土。水施可采用深施工具或随水灌施。方法是根据面积算出施用量，然后放干田水，把氨水容器放到进水口附近的进水沟旁，插入一根细皮管。利用虹吸作用使吸出的氨水和灌溉水混匀稀释后流入田中。③作堆肥，一般采用50kg细干土加2.5kg氨水，或采用50kg堆肥加1kg氨水混合堆沤；与泥炭、褐煤混合制成腐殖酸氨肥，混合比例以50kg原料加5~7.5kg氨水为宜。

液氨。含氮量82%，碱性，沸点很低，极易挥发，施用时需要施肥机，深度20cm左右。

碳酸氢铵。又称碳铵，含氮量16.8%~17.5%，易吸湿分解，易挥发、有强烈的氨味，贮存时要防潮、低温密闭。施用时宜深施（10cm左右）覆土，作基肥、追肥均可，不能作种肥。碳酸氢铵施入土中离解为铵离子和碳酸氢根离子（HCO_3^-），供作物所需的氮素和碳素营养，因此没有杂质和副成分。由于碳酸氢铵具有易分解、易挥发和易溶于水的特性，许多椒农使用方法不当，随意撒施，致使氮肥大量挥发，肥效大大降低。碳酸氢铵深施5~10cm作基肥效果好。碳酸氢铵埋入土中不仅可以解离，继续产生挥发氨，而且由于碳酸氢铵的负电性弱，容易被土壤吸附，

可经分解转换成 CO_2 形成逸散，便于土壤吸附，所以碳酸氢铵深施作基肥，不易被雨淋而流失，能充分发挥肥效。在花椒幼苗期间，如施肥不当会造成弱苗、枯苗，因此在施用时应注意五点。一忌施在土表层。当气温 29℃ 时，若将碳酸氢铵施于土表层，12h 内损失氮素 90%。而深施盖土的，12h 损失氮素不到 1%。因此，施碳酸氢铵作追肥，最好沟开穴埋，盖土，久旱施肥后还要灌水。二忌高温季节施用，碳酸氢铵在夏、秋旱季施用，最易分解挥发，降低肥效。若在苗木早期施用，温度低于 20℃，氨挥发少，且易被苗木根系吸收，促进苗木生长。三忌黏附茎叶，碳酸氢铵黏附茎叶，会熏伤苗木，轻则茎叶发红、发黄，重则如火烧，成片枯死。施用时，用量要小，次数要多，最好拌土肥施用。施时最好是阴天或下午、傍晚。施完后，要及时打除苗木茎叶上积留的肥土。四忌与碱性肥料混合施用，碳酸氢铵与草木灰、石灰、窑灰等碱性肥料混合，会产生化学反应，放出大量氨气，降低肥效，故应分开施用，前后相隔 1 周为宜。五忌作种肥和基肥，碳酸氢铵分解时跑出来的氨气和种子接触后，对种胚和种芽有强烈的杀伤作用，严重影响种子的发芽和出苗。因此，碳酸氢铵不宜作种肥和基肥。

硫酸铵。含氮量 20%~21%，弱酸性，吸湿性小，易溶于水，作物容易吸收，宜作种肥，追肥也行。在石灰性的土壤里，要深翻覆土，防止挥发。酸性土壤长期施用时，要配合有机肥或石灰。

氯化铵。含氮量 24%~25%，弱酸性，吸湿性小，易溶于水，作物易吸收。能作基肥和追肥，不宜作种肥。盐碱地和忌氯作物上不宜施用，施于水田效果比硫酸铵好。

（2）硝态肥料。

硝酸钠。含氮量 15%，中性，吸湿性强，易溶于水，容易被作物吸收，一般作追肥用，在干旱地区可作基肥，不宜作种肥，水田施用效果差，盐碱地不宜施用，贮存时应防潮。

硝酸钙。含氮量 13%~15%，中性，有改良土壤结构的作用，吸湿性强，适用于各类土壤，但不宜作种肥。水田不宜施用，一般作追肥好。贮存时注意防潮。

（3）硝铵态肥料。硝酸铵，含氮量30%~35%，弱酸性，吸湿性强、易结块，能助燃。适用于各类土壤和各种作物，不宜作种肥，施在水田里效果差。贮存时要注意防潮，也不能同易燃的物品堆在一处，以免发生火灾。

（4）酰铵态肥料。尿素是一种白色半透明颗粒晶体，无臭味，不吸湿，易溶于水，有良好的物理性能。含氮量45%~46%，中性，有一定的吸湿性。尿素中所含的氮是酰胺态的氮，施入土壤后，多数都要通过微生物的作用，将尿素转化为碳酸铵后，才被大量吸收利用，而这一转化过程，又随土壤酸度、温度和湿度等条件而变化。一般在中性土壤上，水分适宜时转化程度随温度的增高而加快，10℃时尿素转化为碳酸铵需要7~10d，20℃时需要4~5d，30℃时需要2~3d。因此，尿素的肥效比其他速效氮肥迟3~4d，施用时间要相应提前，夏季提前2~3d，春秋提前5~7d，冬季则提前10d以上，由于尿素的这一特点，在施用中更应把握好用量，不能因供肥略迟而怀疑它的肥效，以致过多地施用。常用的使用方法：①作基肥，无论旱田或水田，667m^2可施10~20kg。旱地撒施地表后，随即耕耙入土中。②作种肥，种肥用量少，可以起到壮苗的作用。一般667m^2用量4.5~5kg，施入部位在种子一侧，或先开沟，施肥后略覆土再播种，使肥料在种子下面，避免肥料与种子接触，以免发生烧种或烧苗现象。③作追肥，一般667m^2施5~7.5kg，一次或分次追肥。旱作地，可条状深施或穴施，深度6~10cm，施后覆土盖严。有水浇条件时，也可撒施后立即灌水。④作喷肥。花椒在孕穗至抽穗扬花至灌浆初期各喷施1次，浓度为0.1%~0.5%。尿素和磷肥配合施用，可以促进作物对氮的吸收，更能提高氮素的利用率。

2. 磷肥

磷肥根据其溶解性分为三大类。第一类是水溶性磷肥，所含的磷素易溶于水，易被作物吸收利用，肥效迅速，故称速效性磷肥，如过磷酸钙、磷酸二氢钙、磷酸二氢钾、磷酸铵等；第二类是弱酸性磷肥，这类磷肥中的磷素不溶于水而溶于弱酸，施入后，不能直接被根系吸收，需要在土壤里面酸的作用下，溶解为水溶性磷后根系才能吸收，肥效比较缓慢，故又称缓效磷肥，如钙镁磷肥和钢渣磷肥；第三类是难溶性磷肥，也称酸溶性磷肥，所含磷素既不溶于水，又难溶于弱酸，只溶于强酸，肥效慢，后效期长，所以又称迟效磷肥，如磷矿粉、骨粉等。

磷肥利用率最低，一般当季利用率只有10%~25%。主要原因是磷肥在土壤中易被固定，移动性很小，转化速度慢，因此，要采取措施提高利用率。常用的磷肥如钙镁磷肥、钢渣磷肥、磷矿粉等，都不是速效性肥料，施入土壤后要经过一段时间才能转化为水溶性的磷酸盐。用作底肥，更有利于磷肥的转化和植物的吸收。另外，植物吸收磷营养的临界期，一般都在植物生育早期。这个临界期缺乏磷素营养，即使以后补上，仍会造成严重的减产，把磷肥作基肥，就能满足植物苗期对磷的需要，充分发挥磷肥的增产效益。磷酸二氢钙是当前磷含量最高的磷肥，易溶于水，腐蚀性和吸湿性比过磷酸钙强，吸收后比过磷酸钙稳定，但粉状的较易结块，磷酸二氢钙不宜与碱性物质混合，否则会降低磷的效用。其施用方法与过磷酸钙大致相同：用作基肥，667m^2用量5~10kg。由于磷在土壤中的移动性很小，而且易被土壤中的钙固定，形成难溶性磷，所以在施用时应与有机肥混合后集中深施的方法，施在根的附近，既可以减少与土壤的接触面，降低固定作用，又有利于幼苗对磷的吸收，提高利用率。钙镁磷最宜作基肥或拌种肥。在酸性土壤上，用作旱地肥料，最好与有机肥混合堆沤后施于湿润土层，方法与过磷酸钙相同。

磷肥的施用通常有以下几种方法。①深施。磷肥的水溶性差，在土壤中移动性小，只有当其与根系接触时，才能发挥作用。所以，磷肥必须施在根系较多的深层。②集中施。磷肥集中施，可以减少与土壤的接触面，减少固定，并能造成局部磷酸的高浓度，加快磷酸根向根系周围扩散，有利于根吸收。③分层施。这是针对磷在土壤中移动小而采取的一种施肥方法，一般苗期浅施 3~5cm，中期后深施到 10~15cm 的土层内。有条件的地方，追肥后配合浇水效果更佳。④配合施。将磷肥与氮肥配合施用，一般土壤中氮、磷配合比例以 3∶1 或 2∶1 为宜。⑤混合施。在氮肥品种中，以过磷酸钙与碳酸氢铵混施最为理想。因为它们混施后，碳酸氢铵容易分解，放出氮能很快被过磷酸钙中的酸吸收，形成磷酸铵和硫酸铵，既降低了过磷酸钙的酸度，又防止了氨的挥发。但是，也会引起“磷的退化”，所以，混合后要立即施用。碳酸氢铵与过磷酸钙的比例，中等肥力的土壤以 6∶5 为宜，严重缺磷的土壤则以 1∶1 为宜。叶面喷施，喷施时间一般在抽穗前、扬花后进行。要提高磷肥的利用率，必须扩大根系与磷肥的接触面，因此，花椒可推广带状施或穴状施，如与氮、钾肥配合使用效果更好。

3. 钾肥

钾肥根据溶解性可分为水溶性钾肥、枸溶性钾肥和难溶性钾肥 3 种类型。当前常用钾肥，基本都是水溶性的或枸溶性的钾肥，水溶性的钾肥有硫酸钾、氯化钾等；枸溶性的钾肥有窑灰钾肥、钾镁肥和钾钙肥等。

硫酸钾。白色或灰白色结晶，吸湿性小，不易结块，易溶于水，呈中性。施入土壤后，钾被土壤吸收或被土壤胶体吸附，硫酸根残留于土壤中，使局部土壤酸度增加，因此硫酸钾是一种速效性生理酸性肥料。在酸性土壤中，若长期单独施用，会使土壤变酸，因此，应配合施用石灰。在中性或石灰土壤上，硫酸根与替换出来的钙离子形成硫酸钙，溶解度变小易填塞土壤空隙，使土壤板结，因此应配合有机质肥料。适宜于各种作物，作底肥、追肥和根外追肥均可。作基肥时应采取施后盖土，减少钾的固定，或有机肥或磷肥混合施用，可提高肥效，不致增加土壤酸度。作追肥宜早，旱地兑水条施或窝施，需要离植物 6~10cm 的地方施，然后覆土；沙质土应以基肥与追肥结合，分期施用，以免钾的损失。一般应用量 2~10kg，根外追肥浓度 0.5%~1%。

氯化钾。白色或棕色结晶，易溶于水，是化学中性、生理酸性肥料。吸湿性不大，但贮存时易结块，应加以注意。在酸性土壤上长期施用，会使土壤酸性加强，要与农家肥和石灰配合使用；在中性和酸性土壤上，形成氯化钙易于流失，但不会使土壤板结。因含有氯离子，不宜施于盐硝田或其他盐碱土。

草木灰。草灰和木灰的混合体，含有多种植物营养元素，除了含丰富的钾（草灰含碳酸钾5%，木灰含11.7%）外，还含有钙、磷以及镁、硫、钠、硼、锌、钼、铜、锰等元素。草木灰中的钾，主要以碳酸钾形态存在，含量高达90%以上，其中80%~90%是水溶性的钾，其次是硫酸钾，氯化钾含量少，是速效性钾肥。由于含有多量的水溶性钾和氧化钙，呈碱性反应，是碱性肥料，它所含的磷酸二钙，能溶于弱酸，肥效比较高。草木灰还可以作底肥、种肥、追肥，也可以根外喷肥。为了提高草木灰的利用率，要讲究科学施用方法：①看土施肥。缺钾类型的土壤都可以增施草木灰，但不宜在盐碱地里施用。施在酸性土壤，除供给作物钾、磷及其他养分之外，可以降低土壤的酸度，补充钙、镁，改良土壤。草木灰是水溶性钾肥，在沙性土壤施用时，底肥不宜太多，以免流失。②看作物施用。一般植物都适宜施用。用草木灰2.5kg兑水50kg，进行根外追肥，既能供给养分，促进作物生长，又能防旱，防治病虫害。③与氮磷肥配合施用。草木灰虽然含有多种营养元素，但不能代替氮肥或磷肥，必须在施用氮、磷肥的基础上配合施用，使氮、磷、钾三要素保持平衡，才能获得较大增产效果。施用氮素水平高的田地，要注意增施钾肥；施用有机肥较多的则宜少用。

4. 微肥

目前生产上应用的微肥，按元素分有硼肥、钼肥、锌肥、锰肥、铜肥、铁肥。微量元素缺乏，植物会表现出多种症状，如缺硼时，花而不实，停止生长；缺锰时，叶脉失绿，叶片变脆，叶面出现杂色斑点；缺钼时，固氮能力降低，叶片失绿，空秕率增高，结实能力下降，抗逆性减弱；另外，土壤中缺锌、铁等微肥时会影响植物生长发育。

生产上常用的硼肥主要有硼砂和硼酸；锌肥有硫酸锌；钼肥有钼酸铵；锰肥有硫酸锰。这些微肥都可作底肥、种肥、根外追肥、浸种、蘸根、叶面喷肥。使用微肥应注意以下几点：①要因地制宜科学施用。在施用微肥前，应作田间土质营养元素的含量分析，因地制宜地施用不同微肥。一般来说，有机质多的土壤和施用大量有机肥料的地块，微肥增产效果不明显，甚至无效。②要掌握施用浓度。施用微肥必须严格掌握技术规定的浓度，否则会造成危害，一般微肥施用浓度0.1%，以不超过0.1%为宜。③要注意施用时期。花椒主要在花期、灌浆期、现蕾期施用。

5. 复合肥料

在一种化肥里，凡是氮、磷、钾等两种或两种以上营养元素的肥料统称为复合肥料。复合肥料按制造方法分为两大类，一类是通过化学反应制成的化合物，称化成复合肥；一类是将两种或两种以上单质化肥机械混合而成，称混合复合肥。复合肥料按所含成分的不同，常分为4种类型：①氮磷复合肥，它只含氮、磷两种营养元素，所以又叫二元复合肥，常用品种有氨化过磷酸钙、硝酸磷肥、磷酸铵等。②氮钾复合肥，是指含氮、钾两种营养元素的二元复合肥料，常用品种有硝酸钾、氮钾肥等。③磷钾复合肥，是指含磷、钾两种营养元素的二元复合肥料，常用品种有磷酸二氢钾、磷钾复合肥等。④氮磷钾复合肥，又称三元复合肥，它含有氮、磷、钾三种营养元素，常用品种有硝酸钾肥、铵磷钾肥等。

复合肥料的优点：同时供应作物几种营养元素，物理性质好，不含或含少量副成分，运输、施用方便。但由于复合肥料所含养分是固定的，难以适应不同土壤、植物和不同生育期的需要。因此，施用时，必须根据土壤肥力和植物需肥情况，进行计算，有时还需要搭配一定量的单质肥料，才能达到预期效果。

复合肥料，通常作基肥，也可作追肥或种肥，应结合天气、土壤、树木情况使用。例如，根外追肥应该在晴天的早上或傍晚喷施；豆科植物宜施磷钾复合肥料；含铵多的复合肥料要深施盖土；复合肥料和有机肥料配合施用，将会取得更好的效果。

常用的复合肥有以下几种。

（1）氮磷二元复合肥作基肥，即先将氮磷复合肥均匀撒施地面，结合犁地翻入12~15cm土层内，然后耙平。作种肥一般是施于距种子3~4cm的旁侧，深9~12cm，其667m^2施量不超过2~10kg。也可直接施于播种沟内，然后覆土埋严。氮磷复合肥中的磷，以作底肥或种肥增产效果好；而其中的氮肥，用作基肥、种肥或追肥均可。若要用作追肥，要尽早追肥，且要深施于9~12cm的土层内。旱地施后要及时浇水，以便于发挥肥效。

（2）磷酸铵是一种以磷为主的氮磷复合肥，适用于各种土壤和农林作物，一般用作基肥，其667m^2用量10~15kg；作种肥时，其667m^2用量2.5~5kg，掺2倍土条施或穴施。施用时，应配合氮素化肥，不要与草木灰、石灰等碱性肥料混用。

（3）硝酸磷肥是一种含氮、磷各20%的复合肥，适用于旱田农林作物。可作基肥、追肥，其667m^2用量20~25kg。

（4）磷酸二氢钾是含磷52%、钾34%的高浓度磷钾复合肥，多用于根外喷肥和浸种。喷肥，667m^2用磷酸二氢钾0.15~0.25kg兑水25kg；浸种时，50kg水加0.1kg磷酸二氢钾。

（5）氯化钾是用钾石盐、光卤石做原料，加工合成的一种生理酸性速效钾肥，易溶于水。氯化钾在中性、酸性土壤上，宜与磷肥混用，既能防止土壤酸化，又能促进磷的有效化；在沙性土壤上与农家肥混用，可改良土壤，提高钾肥利用率。氯化钾可作基肥、追肥，不能作种肥。作基肥时，667m^2用氯化钾7~10kg，条施于根系大量分布的土层中，然后耙平；作追肥时667m^2用氯化钾5kg，兑水进行条施、穴施，施后立即覆土。

（6）硝酸钾含氮约为40%，氧化钾约45%。硝酸钾易溶于水，是速效肥料，适用于一般土壤和农林作物，它无副成分；硝酸钾中钾的含量比氮素大，适宜用作追肥，如果土壤中氮素不足，应同时施入其他氮肥。另外，它不含磷素，还要配合施用磷肥。硝酸钾在高温时有助燃引爆的危险性，所以不应把它存放在温度较高的地方，也不要把容易燃烧的物质和硝酸钾存放在一起。

（7）硝磷钾是含有氮、磷、钾三种营养元素的三元复合肥料，包装袋上的“15-15-12”，第一个数表示含氮15%，第二个数字表示含五氧化二磷15%，第三个数字表示含氧化钾12%。实际上，硝磷钾的规格很多，从外国进口的有“15-15-15”“12-12-8”等多种；国产的规格为“10-20-15”“12-24-12”等多种。硝磷钾外观呈灰白色或浅褐色，物理性状良好，能溶于水，但不易吸湿结块，属于生理酸性肥料，其中的氮，除个别的硝态和铵态各有偏重外，大部分硝态和铵态氮各占1/2左右。硝态氮流动性大，铵态氮容易被土壤吸附，二者结合能为植株提供快速和持续的氮素营养。所含的磷，水溶性的占枸溶性的30%~50%，速效和缓放相结合，可适应植株各个不同生育时期对磷的吸收利用；所含的钾为水溶性钾。钾的形态有硫酸钾态和氯化钾态两种，进口的为硫酸钾态，因此，它可用于各种农林作物。硝磷钾可作基肥，也可用作追肥，对土壤性质无多大影响。由于它含的营养元素全面，又为颗粒状，烧苗轻，作种肥非常理想。一般667m^{2}用硝磷钾25~35kg。硝磷钾中营养元素的比例是固定的，还要根据不同对象的需肥状况补充其他单元素肥料。

（8）磷酸二铵简称“二铵”，是一种复合肥料。常见的有两种：一种是含氮16%、含磷48%；另一种是含氮17%、含磷46%。这种肥料磷的成分含量较高，因此，应把它当磷肥使用；同时它又含有一定量的氮肥，可以促进植物对磷的吸收利用，适用于各种土壤和农林作物。由于它以有效磷为主，所以最好施用于缺磷的土壤，667m^{2}一般可用磷酸二铵5~7.5kg。但它的含氮量不足，还应加15~20kg碳酸氢铵。

6. 腐殖酸类肥料

腐殖酸类肥料种类很多，目前主要品种有腐殖酸铵、腐殖酸磷、腐殖酸钾、腐殖酸钠，以及腐殖酸氮磷、腐殖酸氮钾、腐殖酸磷钾、腐殖酸氮磷钾、腐殖酸钾钠等。

腐殖酸铵（又叫腐铵），是用腐殖酸含量较高的泥煤（泥炭）、褐煤、风化煤等作原料，经晒干或烘干粉碎后，按一定比例拌入氨水或碳酸氢铵，直接制成的腐殖酸类肥料。腐殖酸铵粉，呈深褐色，pH 值为 7.0~7.5，有刺鼻气味。

腐殖酸磷是以烧碱（或纯碱）稀碱液，浸取褐煤或草煤中的腐殖酸，成为腐殖酸的原液，再经过沉淀，过滤制成的一种液体腐殖酸类肥料或浓缩固体腐殖酸类肥料。腐殖酸磷钾，是在腐殖酸磷肥中加入化学钾肥制成的一种腐殖酸类肥料。

腐殖酸氮磷或腐殖酸氮钾是在腐殖酸铵中加入化学磷肥或钾肥制成。若把腐殖酸氮磷和腐殖酸氮钾混合，就成为多元素的腐殖酸氮磷钾肥料。

腐铵具有养分全面，迟速兼备，肥效稳长，作用多样等优点，其作用主要有以下几个方面：①腐肥本身含有一定数量的速效氮、磷、钾、硫和微量元素，可供植物利用。尿素、碳酸氢铵、氨水添加腐铵，可增加吸附，减少氮的挥发损失，提高利用率 4%，过磷酸钙、钙镁磷肥与腐铵混合，可减少土壤中铁、铝和钙离子对可溶性磷的固定，提高磷的有效性。②大量施用腐铵，可以增加土壤腐殖质含量，促进土壤团粒结构的形成，协调土壤水、肥、气、热状况。③刺激作用，腐殖酸能加强作物的吸收作用和体内酶的活性，增强新陈代谢，提高吸收和积累养分的能力。

腐肥可以作追肥，但以作基肥为好。作基肥时，随翻耕、随撒施，或采用沟施、穴施。作追肥时，可穴施或条施于植株旁，或与磷矿粉或其他肥料混合压制成球。

7. 微生物肥料

微生物肥料品种多，有属于细菌一类的根瘤菌肥，自生固氮菌肥、磷细菌肥、钾细菌肥等。

由于各种微生物肥料的种类不同，作用也不一样，如根瘤菌肥、自生固氮菌肥和固氮蓝藻等，能促进生物固氮，为土壤和农林作物补充更多的氮素养分；如磷细菌肥，能分解无机磷化合物和有机磷化合物，增加土壤有效磷的含量，提高磷矿粉等磷肥的利用率；如钾细菌肥，能分解硝酸盐矿物质，把无效钾变成作物吸收利用的有效钾；如复合菌肥具有几种单一菌肥的共同作用，施用后的增产效果更好。

8. 肥料的混施

肥料混合施用，不仅节省施肥用工，而且混合后，还能提高肥料养分。如硫酸铵、氯化铵等生理酸性肥料，与骨粉、磷矿粉、钙镁磷肥混施，可以增加磷的溶解度，提高肥效。也有的肥料混合后，能减少养分损失，如氯化铵、氯化钾等含铵肥料与铵态氮肥混合施时，氯离子能抑制硝化作用，减少氮素损失。有的肥料混合后，能改善肥料的性状，有利于贮存和施用，如硝酸铵与磷矿粉混合，能降低硝酸铵的吸湿性和磷矿粉在施用时的飞扬损失。但也不是所有的肥料都能任意混合使用，一般下列肥料就不能混施。

（1）硫酸铵不能与碳酸氢铵、氨水、草木灰、窑灰钾肥混施。

（2）硝酸铵不能与草木灰、氨水、窑灰钾肥、鲜厩肥混施。

（3）氨水不能与人粪尿、草木灰、钾氮混肥、磷酸铵、氯化钾、磷矿粉、过磷酸钙、氯化铵、尿素、碳酸氢铵混施。

（4）碳酸氢铵不能与草木灰、人粪尿、硝酸磷肥、磷酸铵、氯化钾、磷矿粉、钙镁磷肥、氯化铵、尿素混施。

（5）尿素不能与草木灰、钙镁磷肥、窑灰钾肥混施。

（6）氯化铵不能与草木灰、钙镁磷肥、窑灰钾肥混施。

（7）过磷酸钙不能与草木灰、钙镁磷肥、窑灰钾肥混施。

（8）磷矿粉不能与草木灰混施。

（9）磷酸铵不能与草木灰混施。

（10）硝酸磷肥不能与堆肥、草厩肥、草木灰混施。

（11）磷酸二氢钾不能与草木灰、钙镁磷肥、窑灰钾肥混施。

有些不宜混用的肥料，在一定条件下，也能随混随用。人粪尿与许多农家肥料中都含有脲酶，与尿素混合后，会使尿素变为碳酸铵或碳酸氢铵，挥发损失氮素。但这种转变需要 2~10d，所以它们可以随混随用，并深施盖土。

第二节　施肥时期

一般可分基肥、追肥。基肥施用要早，施追肥要巧。

（一）基肥

基肥是一年中较长时期供应养分的基本肥料，通常以迟效性的有机肥料为主，如腐殖酸类肥料、堆肥、圈肥、绿肥以及作物秸秆等，施后可以增加土壤有机质，改良土壤，提高土壤肥力。基肥也可混施部分速效氮素化肥，以增快肥效。过磷酸钙、骨粉直接施入土壤中常易与土壤中的钙、铁等元素化合，不易被吸收。为了充分发挥肥效，宜将过磷酸肥、骨粉等与圈肥、人粪尿等有机肥堆积腐熟，然后作基肥施用。

施基肥的最适宜的时间是采椒后的秋季，其次是落叶至封冻前，以及春季解冻后到发芽前。因为秋施能有充分的时间腐熟和供花椒树在休眠前吸收利用。这时根正处于生长高峰，根系受伤后，容易愈合产生新的吸收根，吸收能力强，可以增加树体的营养贮备，满足春季发芽、开花、新梢生长的需要（表6-3）。落叶后和春季施基肥，肥效发挥慢，对花椒树开花坐果和新梢生长的作用较小。

表6-3　基肥不同施用期与产量的关系

施肥期	坐果率（%）	每果穗平均结果粒数（粒）	鲜果产量（kg/株）
8月下旬	31.1	37.5	6.02
11月下旬	28.6	32.2	5.52
翌年3月上旬	22.9	31.7	5.41

据试验，8月中旬果实采收后施用基肥的，分别比11月下旬和翌年3月上旬施用的增产9.1%和11.3%。果实采收后，立即施用基肥，正值根系第三次生长高峰前，伤根容易愈合，能促发

展新根，地上部各器官渐趋停止生长，所以吸收的营养物质以积累贮备为主，可以提高树体营养水平，有利于翌年萌芽和开花坐果。

施肥量根据树龄大小和产量高低确定，一般产干椒皮 0.1~1.0kg 的四至六年生果树，每株每年施农家肥 5~10kg，过磷酸钙 0.2~0.3kg。产干椒皮 2.0~4.0kg 的七年生以上的盛果期树，每株每年施农家肥 20~40kg，过磷酸钙 0.5~2.0kg。施入方法是结合深翻施到树冠投影外围 40cm 左右深的土层中。

（二）追肥

追肥又叫补肥，是在施基肥的基础上，根据花椒树各物候期的需肥特点补给肥料。一般在生长期，特别是萌芽和开花后进行。追肥施用的肥料以速效性肥料为主。幼树和结果少的树，在基肥充分的情况下，追肥的数量和次数可少；养分易流失的土壤，追肥次数宜多。

追肥时应注意以下几项。

（1）花前追肥。这次追肥主要是对秋施基肥数量少营养不足的补充。花椒土壤追肥的关键期是萌芽前和开花后。萌芽前追肥对新梢生长、叶片形成有重要作用，对果穗的增大和坐果率有显著作用。土壤追肥应于萌芽前和开花后结合灌水施入，萌芽前每株追施 0.3~0.5kg 尿素和 0.5~1.0kg 磷酸二铵，或 0.6kg 尿素和 1.5kg 过磷酸铵；开花后每株追施 0.5~1.0kg 尿素或硝酸钙。无灌溉条件的山地花椒园，土壤追肥时可将肥料溶解在清水中，用追肥枪或打孔法在树盘中多点注入，应以速效氮肥为主。

（2）花后追肥。主要是保证果实生长发育的需要，此期追肥对树体内氮营养水平高、树势健壮的植株，可以少施氮肥，追施磷钾肥。

（3）花芽分化前追肥。对促进花芽分化有明显作用。这次追肥应以氮、磷肥为主，配合适量钾肥。初结果和大龄树，为了克服大小年应主要在此期追肥。

（4）秋季追肥。主要补充花椒树由于大量结果造成的树体营养亏损和解决果实膨大与花芽分化间对养分需要的矛盾。追肥时间为8月中下旬至9月上旬，除施氮肥外，可增施钾肥。幼树、徒长树，应避免后期追肥，以免生长延迟，降低抗害能力。

第三节　施肥量

据常剑文对15年生花椒树的试验，连年株施基肥（猪粪）50kg，追肥（硝酸铵）0.5kg的植株，比对照每果穗结果粒数提高31.8%，株产量增加65.1%。

花椒施肥的数量，常因品种、树龄、树势、结果量和土壤肥力水平不同而异。幼龄期需肥量少，进入初结果期后，随着结果量的增长，施肥量也需增加。在生产实践中，树势健壮与否是施肥量的主要依据，健壮的树表现是叶片宽大、叶色深、果枝粗壮、中长果枝比例在30%以上。肥料施入土壤中后，由于土壤固定、侵蚀、流失、地下渗漏或挥发等，不能完全吸收。肥料利用率一般为氮50%，磷30%，钾40%。

开春发芽前，降水后或有浇灌条件的可施速效肥1次，要求开沟条施或穴施。施肥前沿树冠在地面投影线的边缘挖宽30cm、深40cm的环状沟；然后按老龄树每株施氮肥1kg，磷肥2.5kg；盛果期施氮肥0.8kg，磷肥0.75～1kg；挂果幼树施氮肥0.25～0.5kg，磷肥1kg，将化肥均匀撒入沟中，用熟土覆盖后再用生土填压。7—8月以同样的办法增施速效肥，秋末冬初在树冠下地面的相同部位开沟或挖穴增施农家肥。施肥量老龄树20kg，盛果期15kg，挂果幼树5kg。

要注意的是，速效肥应在灌水前或降水前后开沟施入，施肥量不能太大。浇灌时水量要适中，灌水时间应安排在早晨或下午。

为了做到施肥合理，应注意到以下几点。

（一）看地施肥

看地施肥，就是要根据土壤的不同和肥料（特别是化肥）的性质，决定施肥的种类和数量。

碱性较强的土壤，应多施用有机肥以及酸性或生理酸性氮肥和酸性磷肥，在施过磷酸钙时，应集中施或配合有机肥施，以防固定，降低磷效。酸性土壤，宜施碱性钙镁磷肥或酸性过磷酸钙，并可与有机肥混合条施。中性或酸性土壤，宜施尿素，而硫铵、氯化铵在强碱性土壤中，易转化为碳酸氢铵，分解成氨而挥发损失。

沙性土壤，宜多施土杂肥和不太腐熟的有机肥，施氮肥应深施，要“少吃多餐”并掺以河泥、塘泥或黏土，稳定肥效，防止后期脱肥早衰。黏性土壤，因其“发老不发小，发大苗不发小苗”，宜多施经充分腐熟分解的厩肥，在施足有机肥的基础上，应重视苗期追肥，早追氮素化肥，提苗发棵；若肥料不多，可集中追肥。

水田与旱地，施肥也应不同。如施氮肥，水田宜施氨态氮。而硝态氮、氨态氮和硝态氮对旱地均可。如在水田施用硝态氮肥，肥效损失可达20%～25%；碳酸氢铵、尿素、氨水在旱地都应深施，防止挥发。

（二）看树施肥

看树施肥是根据花椒不同时期对各种肥料需要的规律，选择花椒需肥的临界期和营养最大效率期施肥。花椒氮素供应正常时，叶色嫩绿、生长快、植株粗壮高大、根系发达、分枝旺盛。氮素供应过多时，叶色浓绿、茎叶徒长、茎秆柔软、出现疯长现象。缺氮素时，叶色由嫩绿变为黄绿，植株生长缓慢，树矮小。因为氮素在作物体内是容易移动的营养元素，所以缺氮症状，首先是下部的叶片变黄，逐渐向上发展，叶片窄小，新叶出现得慢；根系少而细短，分枝少，茎叶直立；开花以后，向果实转移，叶子枯黄现象更为明显，出现早衰现象。这时就要及时追施氮肥。

（三）根据天气施肥

气候条件也是合理施肥的重要依据。如晴天，日光充足，光合作用强，肥效来得快，可多一些；反之，雨天或阴天，光照弱，气温、土温低，肥料分解慢，施肥宜少，次数宜多，否则引起流失，不但肥效差，而且容易发病。所以，一般以晴天施肥为好，但在干旱或缺水的土壤，又必须结合灌溉，或者将肥料掺水使用，才有利于作物吸收作用。

（四）根据肥料施肥

不同种类的肥料性质差异很大，合理施用必须考虑肥料的特性。即使同一种肥料，由于形态不同，差别也很大。如硝酸态氮肥，由于硝酸根在土壤溶液里不被土壤胶体吸附，可以随水移动。用在水田或多雨的地区，易流失造成脱氮损失，肥效低于同氮量的硫酸铵，而施在干旱土地上，其肥效比水田好。再如农家肥大多是缓效肥料，肥效稳长，可供花椒树整个生长期需要，宜作底肥。化学肥料大多是速效性肥料，易溶于水，能及时满足花椒树对营养的需要，宜作种肥和追肥。微生物肥料一般是间接肥料，要配合氮、磷、钾肥施用，才能发挥作用。

（五）结合农业技术措施施肥

合理施肥还应结合各种农业技术措施。如合理的轮作、耕作、密植、灌溉等，才能获得良好的效果。如在幼树期种过豆科作物的，就可适当少施氮肥；间作肥量大的作物，就应多施氮肥等。

施肥部位和深度的确定，一般来说，花椒树吸收能力强的须根，大量分布在树冠附近稍外处，因此成年花椒园局部施肥多施在树冠外缘外。施肥可以诱导根系向施肥的位置生长，同时施肥时掘起土壤，使土壤空气和湿度得到改善。

施肥的深度除要根据大量须根的分布深度确定外，还要考虑肥料的种类和性质。不易移动的磷、钾肥应深施，而容易移动的氮肥应浅施。氮素化肥可浅施，有机肥宜深施。为了引根向下，可以与深翻改土结合施肥。此外，还要考虑减少肥料的流失，保肥力强的壤土、黏土可深施，沙地在多雨季节宜浅施。

基肥主要为农家肥，配以少量磷肥。农家肥采用腐熟的牲畜粪、人粪尿和农家沤制的肥料，忌施生粪，以免滋生地下害虫。肥料不易运到的边远地块，或缺乏肥料的情况下，可于夏季覆盖粉碎的秸秆、青蒿等，待秋末将其垫压在树盘的沟内，改良土壤结构，提高肥力。施肥量应以土壤肥力状况、树木大小等决定。瘠薄的地块，施肥量应加大，小树施肥量宜小，大树施肥量宜大。一般中等肥力的地块，二至六年生树，株施农家肥 10~15kg，磷肥 0.3~0.5kg；六至八年生树，株施农家肥 15~20kg，磷肥 0.5~0.8kg；八年生以上盛果树株施农家肥 20~60kg，磷肥 0.8~1.5kg。

施基肥采用埋施，并与扩盘一同进行，全园施肥外，适于成年花椒树和密植花椒树的施肥，即将肥料均匀撒于地上，然后再翻入土中，深度约 20cm。一般结合秋耕和春耕进行，也可结合灌水施用。全园施肥根系各部分都能吸收养分，而且可以机械施肥，效果较好；但因施得浅，易导致根系上返，降低抗旱性。

除全园施肥外，还有开沟施肥，有环状、放射状、条状和穴施等方法。

环状施肥是以树干为中心，在树冠周围挖一环状沟，沟宽 20~30cm，深度要因树龄和根系分布范围而定。幼树在根系分布的外缘挖沟时，沟可深些；大树根系已扩展得很远，在树冠外围挖沟，一般以深 20~30cm 为宜。环形沟沿树冠垂直影外缘开，逐年向外扩展。挖好沟后，将肥料与土混匀施入，覆土填平。以后每年随根系的扩展，环状沟也应扩大。

放射状施肥。开沟时，沟的内侧在树冠下距树干 0.5~1m 处开始向外挖放射沟，6~10 条。沟的深度、宽度与环状沟相同，但需要注意由树干部外逐渐加深，避免伤及大根。沟的长度可到树冠外缘。沟内施肥后即可覆土。每年挖沟时，应变换沟的位置。此法因是放射状开沟，伤根较少，而且施肥面积大，适用于成年花椒树。缺点是矮干树工作不方便，而且也易伤大根。

条状施肥。在花椒树行间开直条沟施入肥料，沟长同树冠直径。开沟时注意将表土与底土分开放置，沟开好后，农家肥、磷肥与表土拌匀，填入沟内，将生土覆于沟的上部。在宽行密植的花椒园常被采用，也便于机械化施肥，缺点是伤根多。

穴状施肥。施肥前，在树冠距主干 2/3 处以外，均匀挖若干个小穴，穴的直径 50cm 左右，然后将肥料施入，用土覆盖。这种施肥方法多在椒粮间作园或零星树木园追肥时采用。

灌溉式施肥。灌水与施肥相结合，肥料分布均匀，既不伤根，又保护耕作层土壤结构，节省劳力，肥料利用率高。树冠密接的成年花椒园和密植花椒园及旱作区采用此法更为合适。

根外施肥，也叫叶面喷肥，将肥料溶解到水中，再喷到叶上或枝上，这种方法称为根外施肥，简称叶肥。一般在干旱、缺水又无灌溉的条件下，进行根外追肥。肥效快，叶面追肥 2h 后即可被吸收利用，而且在各类新梢中分布均匀，因此，对弱枝更为有利。易被土壤固定的元素如磷、钾、铁、锌、硼等，用叶面追肥效果快而节省肥料。叶面追肥可以结合喷药进行，节省劳力。花椒间种作物，土壤施肥不便时，可以进行叶面追肥。

叶面施肥主要通过叶片上的气孔和角质层进入叶片内，而后运输到树体的各个器官。叶片背面较叶片正面气孔多，细胞间隙大，利于渗透和吸收。叶面施肥最适温度为 18~25℃，所以夏季喷布时间最好是 10 时以前和 16 时以后。喷时做好雾化，做到喷布均匀，可增加叶片背面的着肥量。一般能溶于水的肥料，均可用于叶面施肥。根据施肥目的选用不同的肥料品种，叶面肥可结合药剂防治进行，但混合喷施时必须注意不降低药效、肥效。叶面喷施浓度要准确，防止造成药害、肥害。加入少量湿润剂，如肥皂水、洗衣粉、皂角油等，可使肥料和农药黏着叶面，提高吸收效率，起到防治病虫害的效果。

在花椒开花坐果期及果实膨大期施肥，具体做法：在花期喷 0.5%硼砂+0.5%磷酸二氢钾混合液或 0.3%~0.5%尿素与 0.3%磷酸二氢钾的混合水溶液，或 0.3%~0.5%的尿素水溶液 1 次，间隔 7~10d 再喷施 2~3 次；枝条再度生产期，果实膨大后再喷 0.5%尿素+0.3%磷酸二氢钾混合液 2 次。叶面喷肥可使坐果率提高 7.56%，每穗结果粒数增加 86.6%，单株平均培养 33.7%。

叶面喷肥时，水溶液中的含肥量一般不超过 0.5%，否则喷肥量过大，叶片、嫩梢和花穗全部干枯脱落，严重时出现烧死现象。喷肥时间最好选在傍晚或清晨，如中午忌喷高浓度浓缩肥，影响喷药效果和导致叶片受害。喷布时，叶片正面和背面都要喷匀，以雾粒附满叶面又不滴水为好。

叶面追肥以速效性的氮、磷、钾化肥为主，像尿素、硝酸铵、硫酸铵等氮肥，过磷酸钙、磷酸二氢钾、磷酸铵等磷肥或磷钾、磷氮复肥，氯化钾、硫酸钾等钾肥。花蕾膨大期到开花期的第一次追肥，以氮肥为主，氮磷结合。花椒成熟前的 1 个月施肥，以氮、磷为主，结合施钾肥。追肥的施肥量也应按花椒的长势、大小及土壤肥力等状况来确定，一般中等肥力的土壤，花椒叶面喷肥在花椒开花期、果实膨大期进行，对提高坐果率、增加产量均有作用。叶面喷肥不受天气、灌溉条件的限制，在干旱、缺水又无灌溉的条件下仍可进行，肥效快，一般喷后 2h 即可被树体吸收利用。易被土壤固定的磷、钾、硼等肥料，采用叶面喷施可减少损失，节省肥料，节省劳力等。但叶面喷肥只能作为土壤施肥的补充，大部分肥料还是要通过根部供应。

叶面喷肥应注意以下几点。

（1）根据花椒花期、果实膨大期、生长后期等各个时期的需肥特点，选择适宜的肥种。花期，以氮、磷为主，同时喷硼肥，稀土和赤霉素等；果实膨大期以磷、氮为主；生长后期以钾肥为主。具体选择肥种可参考表 6-4。

表 6-4　花椒叶面喷肥的浓度及时期

肥料（激素）名称	水溶液浓度	喷施时期
尿素	0.3%~0.5%	花期、果实膨大期
硝酸铵	0.2%	花期、果实膨大期
硫酸铵	0.2%~0.3%	花期、果实膨大期
硫酸铜	0.2%~0.5%	花期、果实膨大期
磷酸二氢钾	0.2%~0.5%	花期、果实膨大期

（续表）

肥料（激素）名称	水溶液浓度	喷施时期
过磷酸钙	1%~2%	花期、果实膨大期
氯化钾	0.3%	年生长后期
硫酸钾	0.3%~0.5%	年生长后期
硼砂	0.2%	花期、果实膨大期
硼酸	0.1%~0.3%	花期、果实膨大期
硫酸锌	1.5%	
硫酸亚铁	0.3%~0.5%	萌芽后
多元液体肥	0.2%	生长期
钼酸铵	0.5%~1.0%	
防落素	0.3%	花期，采前1个月
赤霉素	10×10^{-6}	花期
稀土	300×10^{-6}	花期
草木灰	3%~5%	

（2）水溶液的浓度不宜过大，以免造成药害，应采用低浓度勤喷法，一个施肥期每隔7~10d喷施1次，连喷2~3次。而且叶片背面、叶片正面都要喷，喷量以叶尖即将滴水为宜。

（3）喷施的时间应在10时以前和16时以后，以免气温高，溶液很快浓缩，影响施肥效果和导致叶片受害。因此，只有增加肥水，满足花椒树和间作物的需要，才可缓和花椒树和间作物之间的矛盾。水肥条件较差的花椒园，应选择需要肥水较少、与花椒树矛盾小的间作物，而且要种得距树冠远些。

第四节　灌　水

花椒虽抗旱，如果水分不足，轻则影响生长发育和产量，重则致死，因此有条件的地方，应根据当地每年降水量进行适当灌溉。花椒在一年中灌水的关键时期是萌发水、坐果水、果实膨大水和落叶后的封冻水四个时期。

（一）灌水时期

（1）萌芽水，北方地区，冬春少雪缺雨，这时正值花椒萌芽、开花、坐果期，需水量大。此时若水分充足，可以加强新梢生长，加大叶面积，增强光合作用，使之开花坐果正常。此期浇水非常重要。在春季泛碱严重的地方，萌芽前灌水，还可冲洗盐分；有霜冻的地方，萌芽灌水能减轻霜冻危害。浇水时间是在发芽后的3月中旬，浇水量不宜过大，次数不宜过多。

（2）花后水，又叫坐果水，一般在谢花后2周浇一遍水，应浇足，这时正值花椒幼果迅速膨大期，也是花椒花芽分化期，及时灌水，不但可以满足果实膨大对水分的需要，同时可以促进花芽分化，从而在提高当年产量的同时，又能形成大量花芽，为连年高产创造条件。此期对水分反应敏感，应灌足，对保证当年产量、品质和翌年生长结果都有重要作用。灌水量应适中。

（3）秋前水，又叫果实膨大水，特别是北方产椒区，7月干旱少雨，果实膨大中后期仍需灌水1次。8—9月采收摘果实后，常发生秋旱，这时要结合施基肥浇一遍水，一方面可以促进肥料分解，另一方面可以防止秋旱造成早期落叶，有利于花芽质量的提高和树体养分的贮藏，从而促进翌年春季花椒的生长发育。但灌水量不宜大，保持土壤水分，以中午树叶不萎蔫、秋梢不旺长为宜。

（4）休眠期灌水，又叫封冻水，花椒落叶后灌1次水，对花椒越冬和翌年春季生长有利。

（二）灌水量

灌水量应根据品种、树冠大小、土质、土壤湿度、降水情况及灌水方法来决定。一次灌水适宜量，应满足在花椒根系分布层内以40~60cm的土层渗透湿润为宜，使土壤湿度达到田间最大持水量的60%~80%。在60%左右有利于开花，花芽分化和果实成熟，75%时有利于坐果，超过80%时反而降低坐果率。一般当土壤田间持水量在50%左右时，就应进行灌水。为防止根部积水，常在树干基部周围增加直径40~50cm、高30cm的土堆，这样可以通过灌水使花椒树得到生长发育所需要的水分，又不致因根部积水而引起死亡。

(三) 灌水方法

灌水方法有行灌、分区灌溉、沟灌、树盘灌、喷灌、滴灌等。行灌，是在树行两侧，距树各50cm左右修筑地埂，顺沟灌水。行较长时，可每隔一定距离打一横渠，分段灌水。该法适于地势平坦的幼龄花椒园。分区灌溉是把花椒园划分成许多长方形或正方形的小区，纵横做成土埂，将各区分开，通常每一棵树单独成一个小区，小区与田间主灌水渠相通。花椒根庞大，需水较多的成年花椒园，灌后极易造成板结。沟灌是在水源充足的地区，可以树盘下开环状沟或沟宽深均为20~25cm引水灌溉，灌后封土。树盘灌是以树冠大小，顺行向筑成两条灌水地埂，沿树盘灌水，待水渗下后及时中耕松土。此法灌水均匀，灌水量比较充足。穴灌是在水源不足的地区，在树冠范围内，挖6~12个穴，穴深30~60cm，以不伤根为度，穴宽20~30cm，然后在穴内灌水，每穴灌水3~5kg，灌后覆土，干旱地区灌后可不覆土而用草覆盖。在有条件的地方，可采用滴灌和喷灌，但投资较大。

第五节　排　水

花椒不耐涝，对地面积水和地下水位过高都很敏感。短期积水浸水5d，叶片变黄，开始萎蔫；7d时叶片全部萎蔫、脱落；10d时植株死亡。地表积水、土壤通气不良使根系呼吸作用受抑制，以致窒息而死亡。因此，雨季应做好排涝工作。

第七章　花椒树体管理

良好的树形是优质、高产和稳产的基础。进入结果期的花椒树树冠应保持层次清楚，通风透光、枝组分布均匀合理，维持树势和枝组长势健壮。每年对主枝和侧枝的枝头进行短截或回缩，保持枝头角度为50°；枝组间要交替更新，在枝组内轻剪发育枝；树冠内骨干枝上无发展的背上直立枝要疏除，有发展空间的要重短截，降低枝位，培养成背上小枝组；疏除细弱的枝条和过密的枝条，保留下来的枝条要缓放中庸的，软化强旺的，短截复壮老的，使树冠内枝组健壮，生长均衡，通风透光。

第一节　花果的促控

花椒进入结果中后期，绝大多数新梢顶端将着生花序，开花结果，如不进行疏花、疏果，不但新梢生长量小，树势渐弱，而且还会造成严重落花落果，果实颗粒小，产量也不稳。5月上旬，花序刚分离时为疏花、疏果的最佳时期。疏花、疏果应整序摘除，疏花、疏果量应根据结果枝梢长度而定，一般5cm以上结果枝占50%以上，应间隔摘去1/5~1/4的花序；若5cm以上结果枝为50%以下，则应摘去1/4~1/3的花序。

花椒疏花疏果应在全树绝大部分的花序分离后，即5月上旬进行。操作时，既要根据树体的长势考虑疏除量，又要考虑树冠内各主枝、侧枝和枝组间的长势平衡关系，确定不同长势枝上的疏除量，通常对过旺的主枝、侧枝和枝组，不疏或少疏花序，让其多结果、缓和树势；弱的主枝、侧枝和枝组上应多疏花序，让其少结果，复壮长势。同一主枝或侧枝上，前部后部长势差异较大时，其疏除量应有不同。一般情况下，若为前强后弱，则前部不疏或少疏花序，后部多疏花序，让前部多结果以缓和长势，后部少结果以复壮长势。若为前弱后强，则采取与前强后弱相反的方法疏除花序。这样既可达到疏花、疏果的目的，又起到平衡枝势、树势的作用。

第二节　防止落花落果

甘肃庆阳大红袍花椒落花高峰期，在 4 月下旬至 5 月上旬，在 20d 内落花率高达 39. 23%，到 5 月落花逐渐降低，在 40d 内落花累计 4 120 朵，占总落花率的 72. 7%。花椒坐果率极低，一般年份坐果率只有 11. 2%。落果主要集中在 6 月中下旬，在 20d 内落果率达 36. 93%，到 8 月中旬，落果基本停止。造成落花落果的主要原因：一是花期花朵生长需要大量养分，光合作用下降，气孔不断开放，放出大量香气、吸引大量蚜虫为害叶片正常功能，营养不良，落花落果严重。而在坐果以后，果实生长更需要大量养分时却供应不足，而使生理落花落果严重。二是不良环境条件，如低温冻害，长期干旱，害虫滋生，枝条过密，光照不足，降水过多或过少影响授粉、受精。三是同一果序中，由于果实生长发育快慢不一，发育慢的果实营养缺乏而落果。四是病虫为害。因此，加强管理、提高坐果率是争取花椒高产的重要措施。

（一）促进幼树成花

花椒幼树可以通过药剂刺激，促进成花。采用 1 500mg/kg 比久+800mg/kg 乙烯利，对四五年生已初具结果树冠的大红袍营养枝进行控制、促花，其控制花椒树晚秋梢抽梢率达 95%以上，并显著地促进了适龄大红袍果枝成花，处理后的成花率达 48%～86%，未处理的植株几乎不能成花。

（二）防旱防涝

春夏季气温较高，降水缺乏，要及时浇水，严防受旱。一般

1个月左右，浇1次水，浇水后最好铺一层沙石保墒。夏季如果发生暴雨，要做好排水防涝，严防洪水涝根死树。

（三）增施肥料

坐果期结合浇水及时施肥3次，先施幼果肥，5月上旬每株施氮肥0.1~0.3kg，磷肥0.5~1.0kg，或者氮、磷、钾按0.15：0.5：0.3的比例混合，通过环状穴施入根部土壤中，同时施入农家肥15kg，或者尿素0.25kg、锌肥0.1kg、磷肥0.5kg。最后一次在花椒收获前1个月施足补养肥，恢复树势，但只施农家肥。施肥方法一般采用开沟条施或穴施，沿树冠在地面投影线的边缘挖宽30cm、深40cm的沟状，将肥料撒入沟中，用熟土覆盖后再用生土镇压。此外，还要进行叶面喷肥，萌芽期用0.3%尿素+0.2%磷酸二氢钾喷施，幼果期用0.3%~0.5%硼砂+0.4%尿素+0.3%磷酸二氢钾喷雾，或用0.3%~0.5%尿素水溶液，间隔7~10d，连喷2~5次。

（四）科学整枝修剪

培养良好树形，合理灌水培养壮树，提高抵抗不良环境的能力。

（五）防治病虫害

花椒落花落果期主要有叶锈病、天牛、蚜虫、瘿蚊、椒白蚧等20多种病虫害，要随时检查，及时喷药防治。

（六）防止成树落花

花椒成龄树一般在3月下旬萌芽，4月中旬现蕾，5月上旬盛开，5月下旬开始凋谢。此期需要大量养分，采用以下措施可以有效提高坐果率：①在花椒盛花期叶面喷施10mg/kg赤霉素，或叶面施0.5%硼砂；②盛花期，终花期喷施0.3%磷酸二氢钾+0.5%尿素水溶液；③落花后每隔10d喷施0.3%磷酸二氢钾+0.5%尿素水溶液，共喷2~3次。

第三节　冬季管理

抓好花椒树的冬季管理，对降低病虫越冬基数、减少病虫害、保护树体、提高产量等具有重要作用，重点应抓好以下几点。

（一）施肥

秋季未来得及施基肥的花椒园，应在冬季土壤封冻前将基肥施入。

（二）剪枝

进行修剪整形。

（三）刮皮

刮除树体粗皮。在花椒树的粗皮裂缝中常寄生着很多越冬虫卵，树干上常有桑白蚧，刮除粗皮和流胶斑，集中烧毁，再擦上流胶威、索利巴尔农药，然后抹上稀泥覆盖伤口，消灭病菌和虫卵。

（四）涂干

树干涂白，减少冻害，延迟萌芽和开花，减少春季晚霜的危害，同时可杀死树皮内隐藏的越冬虫卵和病菌。

（五）喷药

有的病菌和虫卵除在枯枝落叶和杂草上越冬外，还可在树枝等处寄生越冬。因此，在花椒树发芽前要普遍喷 1 次索利巴尔、99 杀虫净农药，最后在花椒叶未落时喷洒，防治效果更佳。同时对花椒园周围的其他树木也要喷药，防止病虫传播。

（六）清园

花椒树的一些病菌和虫卵寄生在枯枝落叶上越冬，在冬季翻园前将花椒园中的杂物打扫干净，集中烧毁，可消灭越冬病菌和虫卵。

（七）翻园

耕翻花椒园，利用冬季低温干旱的自然条件，通过翻园，将土壤中越冬的害虫翻出冻死或被鸟类取食。翻园深度以20~25cm为宜，在土壤封冻前进行。

（八）浇水

冬季进入“三九”后，给花椒浇足1次冻水，可增强抗寒力，保护树体安全越冬。

（九）防寒

防寒也是花椒园管理中的重要项目之一。所谓寒害，一般指冬季的低温（严重）影响椒树的枝梢、根部和芽的冻伤，甚至全株冻死，特别是新定植的幼苗及老衰树更甚。因此，要采取各种措施，如埋土、培土、敷草、涂白、建造防风林、注意栽培技术等加以防治。花椒树如已受冻，则应注意恢复工作，如受冻枝条、树皮已干缩不能发芽，应把受冻的枝全部剪除。幼树如果树冠全部或大部分受冻，即可将树冠全部锯去，可使下部枝干上休眠芽发出枝条，将来重新形成树冠。

第八章　花椒树整形修剪

第一节　修剪的意义

花椒树的修剪，是指通过整枝和剪枝达到人们理想的树形，实现高产、稳产。实践证明，修剪后有以下效果。

一是形成坚强的骨架，能承受大量的结果。在幼树时就开始整形修剪，培养各级骨干枝，使主次分清，层次分明，骨架强壮，才能奠定丰产的牢固基础。

二是防止大小年现象，甚至隔两年才结果的情况。通过适当修剪，使树体养分调剂使用。既考虑当年椒果的收成，又考虑使枝条充实，花芽分化，形成翌年的结果母枝。

三是便于通风透光，减少病虫害。枝叶过密，通风透光不好，不仅影响光合作用进行，还易潜藏病虫。故应疏剪或短剪过密枝、徒长枝。

四是便于管理，提高工作效率。通过修剪可以保持树体一定高度、冠幅一定大小，对防治病虫、肥水施用、椒果采收等会带来很多方便，节省人力，还能减轻风害。

第二节　修剪的时期

（一）冬季修剪

冬季修剪应在落叶后至萌芽前的休眠期进行，北方冬季寒冷，易出现冻害，以春季叶芽萌动前进行修剪较安全。冬季修剪以培养、调整树体结构，选配各级骨干枝，调整安排各类结果母枝为主要任务。冬季修剪在无叶条件下进行，不会影响当时的光合作用，但影响根系输送营养物质和激素量。疏剪和短截，都不同程度地减少了全树的枝条和芽量，使养分集中保留于枝和芽内，打破了地上枝干与地下根的平衡，从而充实了根系、枝干、枝条和芽体。冬季管理不动根系增大了根冠比，具有促进地上部生长的作用。

（二）夏季修剪

夏季修剪主要用来弥补冬季修剪的不足，可于开花后期至采收前的生长季节进行修剪。夏季修剪正处于6—7月的花椒旺盛生长阶段和营养物质转化时期，前期生长依靠贮藏营养，后期依靠新叶制造营养。利用夏季修剪，采取抹芽、除萌蘖、疏除旺密枝，撑、拉、压开张骨干枝角度、改变枝向，采用环割、环剥等措施，促使树冠迅速扩大，加快树体形成，缓和树势，改善光照条件，提早结果，减少营养消耗，提高光合效率。夏季修剪只宜在生长健壮的旺树、幼树上适期适量进行，同时要加强综合管理措施，才能达到早期丰产、高产、优质的理想效果。

第三节　枝条种类及修剪特性

花椒的枝条按其特性可分为发育枝、徒长枝、结果母枝和结果枝四类。

（一）发育枝

发育枝是由营养芽萌发而来的，当年生长旺盛，其上不形成花芽，落叶后为一年生发育枝；当年生长中庸健壮，其上可形成花芽，落叶后转化为结果母枝。发育枝是扩大树冠和形成结果枝的基础，也是树体营养物质合成的主要场所。发育枝有长、中、短枝之分，长度在30cm以上为长发育枝，15~30cm的为中发育枝，15cm以下的为短发育枝。定植后到初果期，发育枝多为长、中枝；进入盛果期后，发育枝数量较少，且多为短枝，也很容易转化为结果母枝。

（二）徒长枝

徒长枝是由多年生枝皮内的潜伏芽在枝、干折断或受到剪截刺激及树体衰老时萌发而成的，它生长旺盛，直立粗长，长度多为50~100cm。徒长枝多着生在树冠内膛和树干基部，生长速度较快，组织不充实，消耗养分多，影响树体的生长和结果。通常徒长枝在盛果期及其以前多不保留，应及早疏除；在盛果期后期到树体衰老期，可根据空间和需要，有选择地改造成结果枝组或培养成骨干枝，更新树冠。

（三）结果枝

结果枝是由混合芽萌发而来，顶端着生果穗的枝条。结果初期，树冠内结果枝较少，进入盛果期后，树冠内大多数新梢成为结果枝，且结果后先端芽及其以下1~2个芽仍可形成混合花芽，转化为翌年的结果母枝。结果枝按其长度可分为长果枝、中果枝和短果枝。长度在5cm以上的为长果枝，2~5cm的为中果枝，2cm以下的为短果枝。各类结果枝的结果能力，与其长度和粗度有密切关系，一般情况下，粗壮的长果枝、中果枝的坐果率高，果穗大；细弱的短果枝坐果率低，果穗小。各类结果枝的数量和比例，常因品种、树龄、立地条件和栽培管理技术水平不同而异。一般情况下，结果初期花椒树结果枝数量少，而且长果枝、中果枝比例大；盛果期和衰老期的树，结果枝数量多，且短果枝比例高；生长在立地条件较差的地方，结果枝短而细弱。

（四）结果母枝

结果母枝是发育枝或结果枝在其上形成混合芽后到花芽萌发、抽生结果枝、开花结果这段时间所承担的角色，果实采收后转化为枝组枝轴。但在休眠期，树体上仅有着生芽的结果母枝，而无结果枝。在结果初期，结果母枝主要是由中庸健壮的发育枝转化而来。结果母枝抽生结果枝的能力与其长短和粗壮程度成正相关。长而粗壮的结果母枝抽生结果枝能力强，抽生的结果枝结果也多；而细弱的结果母枝抽生结果枝弱，抽生的结果枝结果也少。

春季气温稳定在10℃左右时枝条开始生长。结果枝一年中只有1次生长高峰，一般出现在4月上旬至5月上旬，其生长高峰持续时间短，生长量较小，一般2~15cm。发育枝和徒长枝在一年中生长时间长，生长量大，并出现2次生长高峰，一般发育枝年生长量在20~50cm，徒长枝在50~100cm，第一次生长高峰出现在展叶后至椒果开始迅速膨大，其生长量占全年总生长量的35%；第二次生长高峰大体出现在6月下旬椒果膨大结束至8月上旬，其生长量约占40%。花椒新梢的加粗生长和伸长生长同步出现，但持续时间较长。

第四节　修剪技术

（一）疏剪

疏剪包括冬季疏剪和夏季疏剪，方法是将枝条从基部剪除。疏剪的结果，减少了树冠分枝数，具有增强通风透光、提高光合效能、促进开花结果和提高果实质量的作用。较重疏剪能削弱全树或局部枝条生长量，但疏剪果枝反而有加强全树或局部生长量的作用，这是因为果实少了，消耗的营养也就少了，更有利于营养供应根系和新梢生长，使生长和结果同时进行，达到年年结果的目的。生产中常用疏剪来控制过旺生长，疏除强旺枝、徒长枝、下垂枝、交叉枝、并生枝、外围密挤枝，同时利用疏剪疏去衰老枝、干枯枝、病枝、虫枝等，还有减少养分消耗、集中养分促进树体生长和增强树势的作用。

（二）短截

短截又叫短剪，即把一年生枝条或单个枝剪去一部分。原则是“强枝短留，弱枝长留”。分为轻剪（剪去枝条的1/4~1/3）、中剪（剪去枝条的2/5~1/2）、重剪（剪去枝条的2/3）、极重剪（剪去枝条的3/4~4/5）。极重剪对枝条刺激最重，剪后一般只发1~2个不太强的枝。短截具有增强和改变顶端优势部位的作用，有利于枝组的更新复壮和调节主枝间的平衡关系，能够增强生长势，降低生长量，增加功能枝叶数量，促进新梢和树体营养生长。由于光合产物积累减少，因而不利于花芽形成和结果。短截在花椒修剪中用得较少，只是在老弱树更新复壮和幼树整形时采用。

（三）缩剪

缩剪又叫回缩，即将多年生枝短截到适当的分枝处。由于缩剪后根系暂时未动，所留枝芽获得的营养、水分较多，因而具有促进生长势的明显效果，利于更新复壮树势，促进花芽分化和开花结果。对于全树，由于缩剪去掉了大量生长点和叶面积，光合产物总量下降，根系受到抑制而衰弱，使整体生长量降低。因此，每年对全树或枝组的缩剪程度，要依树势树龄及枝条多少而定，做到逐年回缩、交替更新，使结果枝组紧靠骨干、结果牢固；使衰弱枝得到复壮，提高花芽质量和结果数量。每年缩剪时，只要回缩程度适当，留果适宜，一般不会发生长势过旺或过弱现象。

（四）长放

长放又叫缓放或甩放，即对一二年生枝不加修剪。长放具有缓和先端优势，增加短枝、叶丛枝数量的作用，对于缓和营养生长、增加枝芽内有机营养积累、促进花芽形成、增加正常花数量、促使幼树提早结果有良好的作用。长放要根据树势、枝势强弱进行，对于长势过旺的植株要全树缓放。由于花椒枝多直立生长，所以为了解决缓放后造成光照不良的弊端，要结合开张主枝角度、疏除无用过密枝条和撑、拉、坠等措施，改变长放枝生长方向。

（五）造伤调节

对旺树旺枝采用环割、环剥、刻伤和拿枝软化等措施制造伤口，使枝干木质部、韧皮部暂时受伤，在伤口愈合前起到抑制过旺的营养生长，缓和树势、枝势、促进花芽形成和提高产量的作用。

（六）调整角度

对角度小、长势偏旺、光照差的大枝和可利用的旺枝、壮枝，采用撑、拉、曲、坠等方法，改变枝条原生长方向，使直立姿势变为斜生、水平状态，以缓和营养生长和枝条顶端优势，扩大树冠，改善树冠内膛光照条件，充分利用空间和光能，增加枝内碳水化合物积累，促使正常花的形成。

第五节　丰产树形及整形

（一）自然开心形

1. 树形结构特点

有明显主干，干高仅 20~30cm，在主干上均衡着生 3 个主枝，3 个主枝相邻间的夹角 120°左右，主枝与主干间的夹角 60°左右。每个主枝上着生 2~3 个侧枝，第一侧枝距主干 40~50cm，第二侧枝距第一侧枝 30~40cm，第三侧枝距第二侧枝 50~60cm。同一级侧枝在同一方向，相邻侧枝方向相反。主枝及侧枝上着生结果枝（图 8-1）。

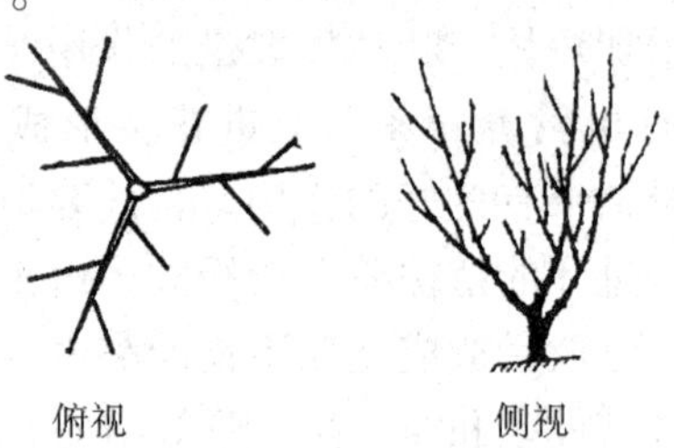

图 8-1　自然开心形

2. 整形要点

第一年，栽植后随即定干，定干高度 30~50cm。在当年萌发的枝条中，选择 3 个分布均匀、生长强壮的枝条作主枝，其他枝条采取拉、垂、拿的办法，使其水平或下垂生长。夏季，主枝长到50~60cm时摘心，促发二次枝，培养一级侧枝，同级侧枝选在同一方向（主枝的同一侧）。初冬或翌年春天休眠期修剪时，主枝、侧枝均应在饱满芽处下剪，且注意剪口芽的选留，主枝方位、角度若很理想，剪口芽均应选留外芽，剪口下第二芽在内侧应剥除。各主枝应与垂直方向保持60°左右的夹角，若主枝角度偏小，可用撑、拉、坠的办法开张角度。主枝方位不够理想时，可用左芽右蹬或右芽左蹬法进行调整。其他枝条长甩长放，采用撑、拉、坠等方法进行开张角度。

翌年，主枝延长到40~50cm时摘心，培养二级侧枝，其方向同一级侧枝相反。其他枝条长甩长放。5—6月采用拉、坠的办法使其下垂，或多次轻摘心，促其花芽形成，以提高幼树早期产量。初冬或翌年春季休眠期修剪基本同第一年。

第三年，主枝延长到60~70cm时摘心，培养三级侧枝，其方向与二级侧枝相反，与一级侧枝相同。侧枝上视其空间大小培养中小型枝组。初冬或翌年春天休眠期疏除少量过密枝。短截旺枝。

第四年，对主枝顶端生长点及长旺枝，5月后均进行多次轻摘心，敦实内膛枝组，初冬或翌年春天休眠期修剪时，对过密枝及多年长放且影响主枝、侧枝生长发育的无效枝进行疏除或适当回缩。

自然开心形一般4年即可完成整形。

（二）多主枝丛状形

1. 树形结构特点

无明显主干，从树基着生4~5个方向不同、长势均匀的主枝。主枝上着生1~2个侧枝，第一侧枝距树基50~60cm，第二侧枝距第一侧枝60~70cm。同一级侧枝在同一方向，一二级侧枝方向相反。主、侧枝上着生结果枝。整个树形呈丛状（图8-2）。

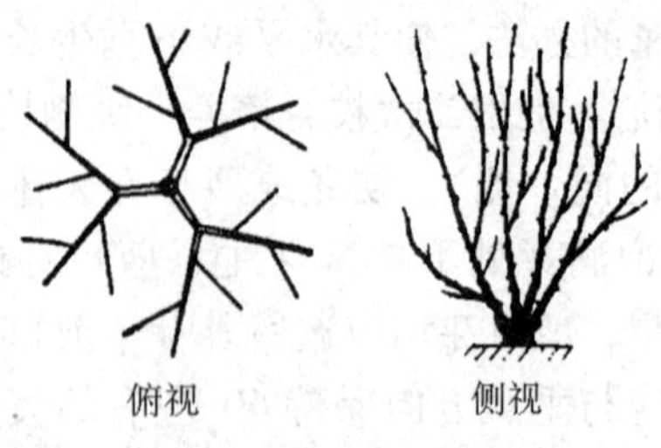

图 8-2　多主枝丛状形

2. 整形要点

第一年，栽后随即截干，截干高度约 20cm。第一年在剪口下萌发数芽，长出多个枝条，选择 4~5 个着生位置理想且分布均匀、生长强壮的枝条作为主枝，其他枝条不要疏除，应采取撑、拉、坠的办法，使其水平或下垂生长，以缓和树势，扩大叶面积，增加树体有机质的制造，使树冠尽快形成和增加结果部位。夏季，所留主枝长至 60~70cm 时摘心，促发二次枝，培养一级侧枝。注意将一级侧枝留在同一方向，以免相互交叉，影响光照。初冬或翌年春季休眠期修剪基本同自然开心形第一年初冬、翌年春修剪方法。

翌年，主枝延长到 70~80cm 时进行摘心，培养第二侧枝，其方向和第一侧枝方向相反。其他枝条的处理、夏季整形及初冬或翌年春天休眠期修剪参照自然开心形，翌年修剪方法。

第三年，对主枝顶端生长点及长旺枝，5 月后均进行多次轻摘心，敦实内膛枝组，春季或秋季休眠期修剪时，对过密枝及多年长放且影响主枝、侧枝生长发育的无效枝进行疏除或适当回缩。

多主枝丛状形一般 3 年即可完成整形。

（三）疏层小冠纺锤形

1. 树形结构特点

有中心干，干高 80cm 以上分层次留主枝多个，每个主枝上有 2~3 个侧枝，树高控制在 2.5m 以下，冠幅 3~4m。这种树形树干较高，有中心主干，主枝较多，分层着生，通风透光，树势健壮，产量高，寿命长，适宜水肥条件好、光照充足的地方及庭院采用（图 8-3）。

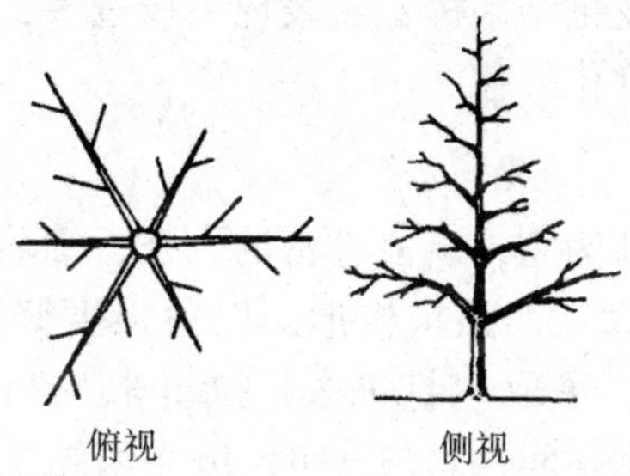

图 8-3　疏层小冠纺锤形

2. 整形要点

第一年，萌芽后，将着生于苗木顶端的壮芽保留，促其旺盛生长，培养为中心主干，以后每年的修剪中心主干一般不控制，待高度达 2.5m 左右时摘心，不再留主干。在中心干 1m 上下范围内选择 3~4 个向四周伸展、长势均匀的新梢作为第一层主枝培养，各主枝伸展的方位角为 120°或 90°，间距 5~10cm，与中心干的夹角为 50°~60°，其余枝条拉成 60°~80°斜生，控制其长势，作为辅养枝。全部清除离地面 80cm 范围的分枝。

翌年，萌芽前，选定的第一层各主枝留 40~50cm 剪截，辅养枝不剪截。萌芽后，在第一层主枝上每隔 20~30cm 萌发的新梢中选 3 个长势均匀、方位角为 120°的枝条作为第二层的主枝培养，当长度达 40cm 时摘心，并拉成斜生 45°左右，其余枝条拉成斜生 70°左右，作为辅养枝。当第一层各主枝剪口芽萌发的新梢长度达 40cm 左右时摘心，促生分枝，培养为侧枝。

以后逐年依此类推，使各主枝延伸，上层主枝长度为下层主枝长度的 1/2~2/3，分枝角度略小于下层主枝，其上配置的枝组以小型为主，且比下层稀疏，形成分层结构，即上层小、下层大，上层稀疏、下层稠密的疏层小冠纺锤形树形。

（四）放任树改造整形

1. 树形结构特点

放任的成龄花椒结果树普遍表现主枝过多，层次不清，通风透光不良，结果部位外移。

2. 整形要点

第一年，以疏为主，疏去过密的大枝、细弱枝、病虫枝、徒长枝，但忌大拉大砍，强求树形，以免强度修剪影响产量和寿命；对所留大枝，采取“打进去，拉出来”和撑、拉、坠等方法，使其合理占据空间，均匀分布；适当回缩主侧枝，拉开枝条角度。

翌年，主要是复壮结果枝，回缩弱枝增加中长结果枝；缓放徒长枝和旺长枝，并采用撑、拉、坠等措施，改变长放枝生长方向，引枝补空，以达树冠完满，扩大结果面积。

第三年，培养内膛结果枝，剪去衰老无用枝；对中下部光秃的内膛，采取压枝、有目的的创伤等方法，使其光秃部位萌发新枝，形成新的结果枝组。

第六节　不同类型枝的修剪和培养

（一）骨干枝的修剪

骨干延长枝长度一般剪留 40cm 左右，枝头的分枝角度维持在 45°左右。

主枝间强弱不均衡时，对强主枝，其上适当疏除部分强枝，多缓放，少短截，减少枝条数量，增加结果量，以缓和长势；对弱主枝，其上枝条可少疏除、多短截，增加枝条数量，减少结果量，增强长势。同一主枝上，要维持前部和后部长势均衡，若出现前强后弱，应采取前部多疏枝、多缓放，后部少疏枝、中短截的办法，控前促后，调整前后长势均衡；若出现前弱后强，可采用与上述相反的方法，控后促前。

树冠各部分的主从关系应为主干强于主枝，主枝强于侧枝，侧枝强于枝组，但强弱程度相差不能太大。若出现不正常的关系，应采取抑强扶弱的方法及时调整。

（二）结果枝组的培养

结果枝组可分为大、中、小几种类型，一般大型枝组有 30 个以上的分枝，中型枝组有 10～30 个分枝，小型枝组有 2～10 个分枝。大型枝组枝条数量多，更新容易，寿命长，而小型枝组枝条数量少，更新不易，寿命较短。另外，花椒为枝顶结果，且结果枝连续结果能力强，结果后容易形成短果枝组的数量应占 25%～30%，大、中、小型枝组要相间交错配置。

培养结果枝组时，根据枝条的状态可采用先截后放、先截后缩、先放后缩、连截再缩等方法。

1. 先截后放法

萌芽前冬剪时，选中庸枝中短截促生分枝，翌年冬剪时，除疏除直立旺枝外，其余枝条全部保留并缓放，使其上产生小分枝，形成顶花芽，以后根据延伸空间大小，适当短截个别枝条，延伸占据空间，逐步培养成中、小型枝组。

2. 先截后缩法

冬剪时，选较粗壮的枝条留较多的饱满芽重短截，促生较多的强壮枝条。翌年冬剪时，将前部部分过旺枝条在适当部位回缩，另一些保留枝根据需要可适当短截，促其延伸，其余均缓放，逐步培养成大、中型枝组。

3. 先放后缩法

冬剪时，选中庸粗壮的枝条进行缓放，缓放后可形成较多的小分枝，待形成花芽结果后，在适当部位回缩，培养成中、小型枝组。

4. 连截再缩法

多用于大型枝组的培养。冬剪时，选较粗壮的中庸枝进行重短截，在母枝下部促生强弱不同的分枝；翌年冬剪时，在不同延伸方向选强弱不同的分枝，中、短截促其延伸；在生长季还可在空间大、枝条少的部位进行摘心，促进分生枝条；当占据延伸空间后，再逐步回缩，形成圆满紧凑的大型枝组。

结果枝组的培养应坚持“快速形成，圆满紧凑”的原则，根据枝条状态和延伸的空间，确定枝组的大小，选择适宜的培养方法，以冬剪、夏剪相结合的培养方式培养结果枝组。

（三）辅养枝的利用和处理

辅养枝是整形期间保留在主干、主枝上的临时性枝条，也是初果期结果的主要部位。因此，在不影响骨干枝生长和树冠内膛光照的前提下，应尽量保留，轻剪长放，促进其结果，若辅养枝对骨干枝或树冠内膛光照产生影响时，根据影响程度进行调整处理，影响较轻时，采用适当疏枝、回缩的方法，去掉影响部分；严重影响骨干枝生长时，应从基部疏除。

（四）徒长枝的处理和利用

盛果末期，树势逐渐衰弱，树冠内膛常萌发很多徒长枝，这些徒长枝长势强旺，不仅消耗大量养分，而且扰乱树冠，应及早处理。一般对枝组较多部位的徒长枝应及早抹芽或疏除；对生长在骨干枝后部光秃部位的徒长枝，应于夏季长到30~40cm时摘心，促其分枝，冬剪时去强留中庸，引向两侧，改造成结果枝组，增加结果部位。

（五）老枝抬高枝头角度

盛果初期，如果主枝还未完全占据株间空间，可对延长枝中短截，继续延伸；若主枝在株间交接，延长枝应当用长果枝当头，停止其延长。盛果期后期，骨干枝枝头因连年结果变弱，先端开始下垂，应及时在斜上生长的强壮枝组处回缩，以抬高枝头角度，复壮长势。

第七节　不同龄期树的修剪

（一）盛果期树的修剪

一般定植 5~6 年后的花椒树开始进入盛果期。盛果期花椒树修剪要着重注意改善光照，调整营养生长与结果的关系，促进连年丰产。具体修剪应因树而定。一般生长健壮的树修剪宜轻；生长衰弱的树修剪宜重。

1. 初冬或春季修剪

盛果期花椒树以初冬上大冻前修剪效果最佳。修剪方法：对当年抽生的营养枝剪去先端半木质化部分，即剪掉枝条的 1/3。休眠芽萌发的徒长枝，内膛有空间的，可短截培养成枝组，无空间的一律疏除。遇有主枝、侧枝前端衰弱的，回缩到壮枝处，并选留向上或斜生的枝作带头枝。尽管花椒的结果母枝连续结果能力较强，但 3~5 年后产量仍有明显下降，此时应及时回缩复壮，利用壮枝更新。疏除过密细弱枝、干枯枝、病虫枝等。

2. 夏剪

对生长旺盛的盛果期花椒树，除春季或秋季修剪外，还可以进行夏剪。夏剪能抑制旺盛的营养生长，防止树形紊乱及光照不良，增加结果部位，促进丰产。修剪方法：5—7 月对生长旺盛的营养枝、徒长枝进行多次轻摘心，减少营养消耗，促进果实生长和翌年丰产。对营养生长旺盛，但结果少的个别树，进行环状剥皮，抑制营养生长，促进花芽分化。对基角小的主枝，采用撑、拉、坠等方法开张主枝角度，以促进其结果。

（二）衰老树更新修剪

花椒树寿命可达 40 多年，但一般 20~25 年生的花椒树即开始衰老。衰老花椒树生长下降，多出现干枯、细弱枝，枝条交叉重叠，滋生病虫害等。衰老花椒树要通过修剪达到改善光照、恢复树势、延长经济年限的目的。

衰老树的修剪时间一般在休眠期的早春进行，宜重剪，以促进新枝萌发或生长。修剪方法：对衰弱的主枝进行更新复壮，即将主枝进行回缩，有壮枝的回缩到壮枝处，利用壮枝作带头枝，同时注意控制背上旺枝，以利通风透光和平衡树势；短截内膛的徒长枝，培养成结果枝组；回缩复壮结果母枝，对已形成鸡爪的弱枝组，要及时回缩复壮；疏除细弱枝、病虫枝、干枯枝等。对产量很低的极衰老树，要及时更新，选留3~5个基部萌生的方向好的健壮枝作为主枝，将原主枝逐年疏除，基部无萌蘖生成时，疏除少量主枝，促使萌蘖生成，利用2~3年时间重新整形培养新株。对无复壮可能的衰老树即时挖除，重新栽植建园。

第九章 花椒芽菜栽培

花椒过去民间常采其嫩枝幼叶供食，俗称花椒脑、花椒蕊。每100g食部含粗蛋白质6g，脂肪0.3g，膳食纤维1.8g，碳水化合物9g，灰分1.3g，胡萝卜素3.1mg，维生素A 0.519mg，维生素C 45mg，钾 448mg，钠 16.4mg，钙 98mg，镁 60mg，铁 2.4mg，锰0.52mg，锌1.36mg，铜0.42mg，磷109mg。花椒苗还含有较多的挥发油，挥发油中含有牦牛儿醇、柠檬烯等或含佛手柑内酯、苯甲酸等，并以其具有特殊而持久的强烈香气和麻辣味刺激味蕾，增进食欲，增强胃肠蠕动，可促进肠道吸收，利于大量吸收利用各种营养物质。花椒芽性温，叶辛，经常食用能散寒除湿，可治风寒湿所致关节肌肉疼痛，有健胃促消化作用，还有止痛、解毒、杀菌、消炎等保健作用。

采用传统的栽培方法，只能在春季很短的时间内采集，而且不能全部采摘，产量低；加之枝条杂乱、采摘困难。因此，难于形成大批量商品生产。而采用保护地密集囤栽技术进行大面积集约化生产，不但使其进入大批量商品化生产，而且大幅度延长了产品供应的时间。北方保护地生产的花椒，芽梢长6~10cm，有4~5片复叶，叶色绿或浓绿，芽梢基部幼枝干上有软皮刺，单芽重1.5~2.0g。花椒脑可凉拌、腌渍、炸食或作火锅配料涮食。花椒脑含钾、钙、胡萝卜素和维生素A等，营养丰富，并因含有挥发油和辛辣物质而具有特殊的芳香和麻辣味，作为调味、保健蔬菜，具有去腥膻、开胃、增进食欲以及温中散寒、去寒痹、行气止痛、明目等功效。

第一节　花椒芽菜的生产流程

花椒芽菜的生产流程分两大阶段，即育苗和芽体生产。具体讲包括选择品种、精选种子、处理播种、幼苗期管理、苗木期管理、起苗定植、花椒芽菜采摘。其中，起苗定植主要视情况而定，也就是说，如果是在囤苗地直接生产就省去了起苗定植的程序，更便捷简单。若将以上流程按照各时期特点分作：种子层积期、苗期、采摘期（休眠和椒脑形成期），也是花椒芽菜生产的三个时期。

一、种子层积期

（一）品种选择

花椒的主要品种有大型、小型和其他类型。大型的有大椒、狮子头、大红袍、达路椒、娃娃椒等；小型的有小椒、小红袍、小黄金、茂椒、豆椒、火椒等；其他类型的有秋杂椒、白沙椒、高脚椒、枸椒、臭椒等。

（二）种子选择和处理

确定了使用的花椒品种后，就要开始在所选品种树上选择种子，首先应当选择采种母树，一般要求采种母树在 8~15 年树龄的优良树，一般在这个树龄段的花椒树树势强健，壮实、结果多，芽梢麻辣而且香味浓郁。

在选择好的采种母树上选择种子，要求种子籽粒饱满、新鲜，根据这一要求，选种采摘花椒要及时，过早则种子尚未完全成熟，发芽率低，过晚则种子易脱落，采种量低，因此，采种的标准时期是少量果实 5%以下开裂时采收。

当年采摘的花椒果实，在阴凉干燥的环境里风干，而后果皮自行裂开脱满，选择籽粒饱满新鲜的种子进行处理。

怎样才能选到籽粒饱满的花椒种子呢？一般用清水澄去秕籽，将种子倒入清水中，将漂浮在水面的秕粒捞去，剩下的一般就是饱籽。

种子处理的原因：花椒种子种皮坚硬，富含油质，透性差，发芽也较缓慢。种子处理的目的是去掉种子外层的油皮，增加壳的通透性，以利于种子吸水。

由于播种的时期不同，因而种子处理的方法也不同。秋播，种子的处理就比较简单，一般用草木灰与种子混搅在一起即可，秋播的种子在土壤中越冬自动完成催芽，种子翌年春季发芽早，苗木生长期长，所以秋播比春播要好。春播，由于当年采收的种子要存放一冬，因此，采用适当的方法存放种子是很重要的，播种前就要进行处理。处理方法一般用物理方法和化学方法。

1. 物理方法

（1）沙藏层积处理。将所采收的种子与5~6倍的湿沙混合均匀（沙的湿度以用手捏成团但不出水为度），然后放在准备的木箱或其他易透水的容器中，填入贮藏坑内，贮藏坑的深度以当地冬季冻土层以下为准。种子在坑内贮藏一冬，翌年春季土壤解冻即取出播种。播种前要首先做发芽试验，以确定经过一冬贮藏后花椒种子的发芽率。

（2）混饼贮藏。这种方法一般用于少量种子贮藏，将种子用清水清洗后，混入4~5倍的黄土（沙黄土和沙土的比例为2：1）做成3cm厚的混饼，将混饼于阴凉处晾干，存放在低温干燥处，翌年春季使用时将混饼搓碎，筛出种子，即可播种。

（3）沙磨法处理。将种子与粒径0.2cm左右的粗沙混在一起（比例为2：1）放在滚桶滚动，至花椒种子油皮去掉，取出后再将粗沙和种子分开（用筛子）。

（4）开水烫种。将种子放在容器内，倒入种子体积2~3倍的开水，同时迅速搅拌2~3min后注入凉水至不烫手为止，然后置放2~3h，再换清洁凉水（20~25℃）浸泡48h，捞出后用湿布或毛巾包好，放在25~30℃，每天用清水淋洗2~3次，5d后即可播种。

2. 化学方法

（1）碱水浸种。碱种比例为 1：20，先加 25℃水至浸没种子，然后用开水烫开纯碱，倒入其中，反复用力搅拌揉搓种子，去净种子油皮，然后将去掉油皮的种子用清水淘洗干净，在 25℃左右清水中浸泡 48h 后播种。

（2）赤霉素处理。用 500mg/kg 浓度的赤霉素浸泡种子 48h，可提高种子的发芽率和发芽速度。

二、苗期

苗期指种子播种后胚根显露到苗木落叶。此时期可分为幼苗期和苗木期，幼苗期指苗高 7~8cm，有 4~5 片真叶展开。苗木期指幼苗结束到苗木落叶。

1. 整地施肥

播种前要做好耕地准备，即整地施肥，选择背风向阳、肥沃疏松、排灌方便的壤土或沙壤土，施足有机肥，一般每 667m^2 施用有机肥 2 500~5 000kg、草木灰 200kg，所准备的耕地要匀和、平整。

2. 播种方法

（1）开沟条播。沟宽 20~10cm，沟深 5cm，沟底平整，深浅一致，沟行间距 20cm，将种子均匀撒入沟底后覆盖细土 1~2cm。

（2）耧播。此方法适用于大面积播种，但一定要掌握深浅，最容易播深，一般要用有经验的人摇耧。

播种量：一般 667m^2 用饱籽 10~15kg，出苗 3 万~8 万株。秋播不用覆盖，春播遇到干旱要覆盖，以保持苗床湿润，出苗后揭去覆盖物。

经层积处理的种子播后 15~20d 即可出苗，此时期不灌水，特别干旱时喷 1 次水，切忌大水浸灌和圃内积水。

3. 管理

当幼苗长到 4~5cm 高时，进行间苗，苗间距掌握在 4~5cm。

7—8 月是苗木速长期，需水量较大，若土壤干旱应及时浇水。

苗圃要始终保持“四无”。无板结，无杂草，无积水，无病虫，保持不缺肥水。

苗期病害的防治。花椒苗易生叶锈病，其症状是叶背面锈红色不规则环状或散生孢子堆，防治的办法是65%可湿性代森锌500倍液喷施。

苗期虫害的防治。主要防蚜虫，使用杀蚜虫药物（如10%蚜克西或保硕一号生物农药）喷施。

苗期要达到苗全苗旺，667m^2 留苗5万~6万株。

三、休眠和椒脑形成期

这主要是指日光温室花椒芽菜生产，其流程是：起苗—囤栽—管理—采取—装运—恢复树势。

1. 起苗

注意事项有以下4个方面。

（1）起前浇水。而后在土壤干燥时起苗，这样可保护花椒苗的须根，这样起出的花椒苗挺直粗壮，主根完整，须根较多。

（2）椒苗分级。由于花椒苗粗细高低不等，因此在起苗的过程中，边起苗边分级，将苗木按高、中、矮的程度分成大、中、小三级，分级的原因是在棚内定植时按矮、中、高比例定植，便于以后采摘和管理。

（3）起苗剪梢。粗高苗轻剪，细矮苗重剪，这样做的好处是利用苗木中端萌发壮芽，并且使抽芽的芽位下移，提高椒芽的产量和质量。

（4）随囤随浇。就近移栽时，不存在长途运输，因此，可避免风吹日晒，要边起苗边囤边栽边浇水，保护好根系，长途运输调苗就更要保护好根系，起苗后蘸泥浆，避免风吹日晒，保护好根系。

2. 囤栽棚室准备

囤栽即棚内在定植前要做好准备，要施足有机肥和无机肥作底肥。一般要多施，施有机肥3 000~4 000kg，这样做有利于满足高密度的花椒苗的营养需要。在施足有机肥的同时，应使用多菌灵和辛硫磷等药物对土壤进行消毒处理。

3. 囤栽技术

囤栽前先在棚内做好规划。即做好定植畦、株行距、作业道等，一般日光温室都是坐北朝南走向，因而苗床要做成南北走向，作业道也是南北走向，而行向做成东西走向。定植畦为宽1.2m，作业道为0.5m，行距为0.2m，株距为0.04m，深度以埋至根茎部为准。

定植时按苗木大小，由小、中、大的顺序依次由南向北定植，形成椒苗南低北高的格局，棚前留50cm；以便椒苗出芽后不顶住棚膜。

定植时，随栽随踩，整平，排列整齐，保持畦面平整，以便于以后浇水，一般当天定植，当天浇水，以利土壤和苗根充分接触，提高成活率。

4. 管理

囤栽结束后，就进入管理阶段。因此，囤栽完毕时要扣棚，随后进行棚室消毒，一般每100m^3面积（3～4间）用硫黄粉250g、锯末500g混合熏烟，同时用百菌清烟熏剂熏棚，密闭12h后通风。

（1）温度调节。扣棚后的主要任务是解除椒苗的休眠状态，苗木生育成落叶后先在露天自然的条件下休眠20d以上后，进入温室后用30~40℃的棚温打破其休眠，解除休眠应当用高温。白天30~40℃，夜间16℃左右，打破休眠需30d左右；白天25℃，夜间10℃左右，打破休眠需40d以上。

打破休眠后，椒苗开始进入萌动状态，芽体萌动，此时温度可适当调低，保持30℃左右，不能高于35℃。

据观察，日均温在10℃时椒芽日长0.3cm，16℃时日长1.5cm。因此，在11月下旬到翌年3月下旬，温室夜间要盖草帘保温，加防寒膜；室温超过30℃以上时，晴天中午要打开顶风，通风2~3h。

日均室温15~20℃时，椒芽萌动到开叶需7d左右，再过24d左右，长到15cm左右即可采摘。

（2）湿度调节。棚室湿度应保持在80%左右，要依据这湿度的要求来决定椒苗是否需要浇水或浇多少水，在保持湿度的情况下注意通风，因为长时间高温高湿则椒苗容易发病，椒芽的风味也差，应当注意：棚内充足的水分是必要的。因为棚内温度高、蒸发量大而且椒苗的密度高，根系密、根系的吸水量大。由于浇灌的条件不一样，因此采取浇水的方法也不同。喷灌浇水是较好的条件，随时可以浇而冲灌浇水就要浇透，隔一段时间再浇，在此基础上每天在晴天的中午进行叶面喷雾，喷至叶面滴水为止，这样可促进椒芽鲜嫩。

（3）光照调节。充足的光照有利于光合产物的形成，光照充足则椒芽显红褐色，无光照或弱光照则椒芽显绿色，在椒芽生长过程中，光照的强弱要随时调整，在椒芽采收前5~6d必须有充足的光照，以利于椒芽快速生长，之后在采收前进行适当的遮光措施，使椒芽免遭强光直射，有利于芽体鲜嫩，一般在晴天里8—14时采取遮光措施，其余时间不遮光而由自然光线照射。

增强光照的办法是卷草帘、除尖膜、敲膜滴。遮光的办法是使用遮阳网。遮光和地温是一对矛盾，过于遮光则地温低，椒芽生长慢，不遮光则地温高，椒芽生长快，但不利于椒芽鲜嫩，所以要调节好遮光的程度，既保持地温以使椒芽快速生长，又避免强光以使芽体鲜嫩。

（4）科学追肥。由于椒苗密度大，需要肥多，所以花椒芽菜的生长期内如发现肥力不足应及时追肥，补充营养。

肥力不足的症状，一般都能从椒苗的长势上呈现出来，观察椒芽的长势就可判定是否需要追肥，肥力不足的表现：椒叶发黄、生长慢，芽体瘦弱、细长，单芽重下降。经常出现缺氮情况，因此一般追肥都采取补氮的措施。

追肥的方法有两种，一是根追，二是叶面喷追。根追一般用尿素。叶面追用磷酸二氢钾等叶面肥。追肥的多少（数量）依据缺肥情况而定，一般667m^{2}用尿素至少50kg，叶面肥追施按产品说明配好比例，采1次椒芽浇1次水，轻追1次叶面肥。

（5）病虫害防治。花椒苗是木本植物，比较禾谷类或蔬菜类而言具有较强的抗性，一般少生病，目前在棚内发现的病类有炭疽病、枝枯病以及锈病等。

炭疽病。此病害为害叶片、嫩梢，病原的分生孢子借风、雨、虫等传播。一年中多次侵染为害，每年6—7月开始发病，8月为发病盛期。症状为初期在发病部位有数个不规则分布的黑色小点，后期病斑变成深褐色或黑色，圆形或近圆形，天气干燥则病斑中央灰色，雨天则病斑呈粉红色突起。此病一般发生于树势衰弱、通风不良的环境，高温高湿等发病较重。防治方法：通风透光；按时喷波乐多液预防；发病期喷施600~700倍的退菌特，连续喷2~3次。

枝枯病。此病常发于主干或小枝分叉上，发病时初期明显，后期病斑表皮呈深褐色，边缘黄褐色，干枯下陷，微有裂缝，病斑多数呈长形，秋季在病斑上生有许多小黑点，病菌在病叶组织内越冬，传播借风雨和昆虫，一般从伤口进入，高温多雨有利于发生蔓延。防治方法：增强树势，提高抗性；防止枝干损伤；剪除病枝集中烧毁；早春喷1：1：100倍波尔多液；也可喷50%退菌特可湿性粉剂500~800倍液防治。

锈病。主要为害叶片。初期病叶正面出现点状清水状退绿斑，叶背面出现锈红色散生孢子堆，有的排列不规则环状，秋季在病叶背面出现橙红色，近胶质状的冬孢子堆凸起但不破裂，圆形或长圆形、排列成环状或散生。此病受降水和树势的影响很大，阴雨、露水天气有利于该病发生，发病初期，先从树冠下部叶片感染，以后逐渐向树冠上部扩展。防治方法：加强管理，提高抗性；发病期喷20%粉锈宁1 000倍液或65%的代森锌500倍液2~3次，即可控制。

花椒苗的病虫害，目前发现有两种虫为害花椒芽菜。

蚜虫。花椒蚜虫属同翅目，蚜科。这是花椒芽菜的主要虫害，主要为害花椒苗的树叶、芽，造成叶片卷曲。嫩梢萎蔫、落叶。蚜虫一年发生15代左右，条件适宜时4~5d繁殖1代，一般1只蚜虫1d能繁殖4~5只蚜虫，此虫以卵的形式在花椒枝干缝隙内小枝分叉和枝梢皱纹处以及芽腋等处越冬，气温开始上升至6℃时其卵就可孵化，一年内叶片生长期间一直为害。防治方法：使用防虫网；农药喷施，生物农药——保硕一号；尿素400g+洗衣粉100g+水50kg喷药，喷药时间在8—11时或15—18时，杀虫效率均在95%以上。

花椒橘啮跳甲。这是一种恶性食叶害虫，该虫以幼虫潜食叶肉，造成大量椒叶只剩下表皮，最后焦枯，成虫直接咬食叶片，造成缺刻。越冬部位，成虫潜在树茎部及树冠下3~6cm深处的松土内，树干上的洞、缝和周围石头缝内。越冬成虫翌年5月上旬出土上树，交尾产卵，5月中旬产卵于叶背面叶尖端，成块状聚集。5月下旬至6月上旬为产卵盛期，卵经10d左右孵化第二代幼虫，幼虫潜入叶肉内边吃边排粪，像线一样吊在叶上，有4~15cm长，幼虫成熟后钻出叶面自然落地，潜入土中，做土室化蛹，6月中下旬为一代幼虫孵化盛期，也是一年中为害最严重的时期，幼虫经15d左右化蛹，蛹经10~12d孵化出成虫，同时出现第二代卵，7月上中旬为二代卵孵化盛期，8月上中旬为二代幼虫羽化盛期，9月为二代成虫盛期。防治方法：解冻后深翻树盘；4月下旬越冬成虫开始出土前用1.8%阿维菌素每667m^2 60~80g喷洒地面；4月中旬用2.5%溴氰菊酯2 000倍液喷洒树冠，毒杀越冬成虫。

在花椒芽菜病虫害的防治过程中，特别是在采摘时期内，要特别注意这一点。要按需求和病虫害种类使用农药，这是保证芽菜绿色食品特性的重要环节。

5. 采收

椒芽生长到150cm左右时，颜色红褐或淡绿色即可因地制宜地进行采收。视生长情况可每月采收1次，或在6—9月由于气温高一般20d采收1次。事实上，由于温室内椒苗采光和受热部位不同而长势也不同，而且椒苗粗细大小不等，因而萌芽期也不同。因此整个温室内的椒芽不可同时间采摘，采摘要有选择地进行，每两天采收 1 次，从 2 月上旬开始，一直到 9 月中旬结束，直到椒芽封顶。

采收是高产优质的关键措施之一，因此要重点把握采收要领，即有选择、及时采。有选择就是说要选择标准芽，过小的不能采。及时采就是说采摘时期不迟不早，恰到好处。过早采摘则芽小产量低，并且影响下茬生长；过迟采摘则会减少采摘茬次数，总产量也会降低，也就是说过早、过迟都会带来低产的结果。

在采摘的过程中还要注意宁轻勿重，就是说每次采摘要留 2~3 片复叶，以促进下茎萌发，最后一茎需留下一部分侧芽不采，以使其长成辅养枝，恢复树势。标准芽的要求：枝嫩、叶嫩、刺嫩、无蚜虫、无污染，即“三嫩两无”。

6. 装运

采摘下的花椒芽菜要及时装运保鲜，目前简单的方法是塑料袋和纸箱，用纸箱装运时，箱内要垫塑料布或薄膜，压得不要过实，以防发热变质，在 3~8℃，条件下纸箱装运可保持 1 周不变质，保持鲜嫩。

7. 恢复树势

花椒芽菜采摘到 9 月上旬结束，标志着当年的花椒芽菜生产在当年的结束，此时椒树生长缓慢，即将封顶。此时，就由其自然落叶进入休眠恢复体力，要注意的是不可马上追肥、浇水，因为这样容易引起树体加快活动，消耗营养，不利休眠越冬。

休眠后适当追肥、浇水，以后随自然气候越冬，只是在越冬前喷施 1 次杀虫剂以便为翌年病虫害防治做好基础。

四、其他生产形式

（一）塑料大棚生产

塑料大棚生产花椒芽菜是继日光温室生产后的创新，是在分析日光温室生产的基础上依据花椒芽菜的生长特性，为了降低生产投入费用而采取的生产形式，创新后的这种生产形式，由于不用建日光温室，省去了大量的投入费用而效益不减。

使用塑料大棚生产有两种方法：一是就地育苗，就地扣棚；二是定植一年生椒苗，然后扣棚。

1. 就地育苗扣棚生产

这种生产形式的流程：育苗—扣棚膜—揭膜—扣网—扣膜—揭膜。春季要调节温度，夏季随自然气候。

2. 移苗扣棚生产

这种生产形式的流程：育苗移栽（移栽时期在一年生苗木树芽萌动之前）—扣膜—揭膜—扣网—扣膜—揭膜，定植的方式同日光温室的定植基本一样，中间高，两边低。这种生产形式适宜早春和晚秋生产，即早春早出芽、秋季迟落叶。与日光温室的生产管理相比，具有省工、省时、提高投入产出比的优点。

（二）大田生产

大田生产花椒芽菜是在日光温室生产和塑料大棚生产的基础上进一步的创新，其生产流程是育苗—定植—支架—扣网。生产流程简易化，生产成本最低化，生产形式大众化，极大地提高了生产的投入产出比，提高了经济效益，目前正在大力推广这种生产形式，这也是花椒芽菜走向产业化生产的重要步骤。

第二节　一年生苗木的培育

（一）种子

华北地区一般在 9 月，当花椒果实呈紫红色，有 2%～5%果实开裂时采收，放在通风、干燥、阴凉处，用小木棍轻轻敲打，使种子脱出果皮。市场上用作调料的花椒内，种子经高温和日晒，基本丧失发芽能力，不能使用。脱出的干燥种子，装入开口的木箱或布袋中，暂放通风、干燥、阳光不能直射的室内，待 11

月中下旬土地封冻前，进行层积处理，将种子与8倍的洁净过筛的潮润细河沙混合均匀，细河沙的湿度以用手可捏成团、但不出水为度。将与湿沙混匀的种子放在木箱或其他易渗水的容器中，然后在地势高燥、排水良好、背阴避风处挖深50~80cm的土坑，将容器埋入坑中。也可在坑底铺厚约10cm的湿河沙，直接将与湿河沙混匀的种子放入坑中，距地面10~20cm时再铺盖一层湿河沙，此后随外界气温的下降，分次在上面培土，厚30~40cm，入春后地温回升时再逐渐撤去培土层。为加强通气，可在坑的中央埋入1~2个秫秸把。在2月中下旬至3月中下旬有部分种子开始露芽时即可取出播种。也可将种子装入布袋，浸湿、摊成薄层，夜间放入冰箱冷冻室，白天置室温解冻，反复冷热交替处理20d左右，到种皮可用手搓下时，再用400mg/L赤霉素浸种24h，在30℃恒温黑暗下催芽8d，发芽率可接近80%。

为了种子脱油，可配制1%碱水或1%洗衣粉溶液，将花椒种子倒入，并用木棒反复捣搓去油，至种皮发麻。溶液中因混有搓掉的油质，黏度较大，适当加入稀释的洗涤剂，用清水反复冲洗，直至种皮无油质时捞出晾干。另外，可采用开水烫种法处理，将种子倒入容器中，加入100℃开水，边加边搅，待水温降至40~50℃时，浸泡10h，捞出，如此反复2次，精选种子。

（二）播种

选背风向阳、排灌方便、肥沃疏松的壤土或沙壤土。华北地区通常在3月上中旬土壤化冻后趁墒播种，若土壤较干，应提前浇水造墒。播种时按沟距30cm，开深5cm的小沟，将种子撒入沟底，667m^2播8~10kg，撒完后立即覆土，厚2~3cm，并在畦面覆盖草秸或地膜。经10~20d出苗，出苗后撤去覆盖物。苗长到4~5cm高时进行1次间苗，去弱留强、疏密留稀，保持苗距10~15cm，每667m^2留苗在2万株以上。间苗时应进行拔草和浇水。进入迅速生长期后，6月上旬至8月上旬追施1~2次薄肥，每次每667m^2施入磷酸二铵或三元复合肥15~25kg，施肥应与浇水结合。入秋后应控制浇水，一般不再追肥，以免苗木后期贪青疯长，降低抗寒性。

为了提高苗木的质量，一般在2月上中旬采用营养钵在日光温室内进行播种育苗。5月初定植，定植前1周进行低温锻炼。这样可比大田直播提前1个月，出苗后又在良好的条件下生长，可增加苗木的生长日期，而且定植时不散坨、不伤根，定植后很快就能缓苗。

（三）苗木的管理

5月上旬，当幼苗长有4~5片真叶时定植。定植前2~3周深翻土地，667m^{2}施入腐熟的堆肥2 500~5 000kg、鸡粪250kg、草木灰600~100kg。整平后，按60cm距离开沟，将沟底用平耙荡平。幼苗在定植前1~2d浇1次透水，定植时轻轻脱去塑料苗钵，要求不散坨、不伤根，每个畦沟栽2行，株距15~20cm。定植后浇定植水。

第三节　花椒芽菜网棚囤植栽培技术

采用传统栽培方法，只能在春季很短的时间内采集其幼嫩的芽叶，而且不能全部采摘，产量低，加之枝条杂乱，采摘困难，难以形成大批量商品生产。

近年来，积极探索花椒芽菜集约化生产新技术。我们通过试验，突破了传统塑料大棚生产方式，即在冬春采摘的基础上，继续培育，连续采摘不移动椒苗，从2月采摘到9月中旬结束当年采摘，共连续采摘8个月时间。这种生产方式是花椒芽菜生产上的重大突破，免去了移动椒苗的麻烦，省工，省事，而且采摘时间延长，提高了产量。同时椒苗在棚内连续7年不移动，突破了3年换苗的做法。这是大田生产的首选形式和主要形式。

该方法主要是在引进和完善日光温室花椒芽菜栽培技术的基础上，采用网棚密集囤植栽培技术，取得了良好的效果。我们在用种子繁育的花椒苗，经过一段时间的遮光培育，然后在有光的条件下继续生长，培育出的紫绿色嫩枝、叶、芽。

（一）花椒苗木的培育

1. 品种选择

生产花椒芽菜可选用大红袍、二红袍、小红椒三个品种，因这几个品种具有生长势、抗逆性强，萌芽率、成枝率高，叶片宽大、肥厚，产量高，麻香味浓郁、纯正等特点。

2. 种子的采集与处理

俗话说：“良种出壮苗，壮苗长好树。”良种不仅是保证育苗成功的关键，而且也直接关系花椒栽植后的生长发育、产量和品质。

一般要求就地采种、就地育苗。采种的母树最好选地势向阳、生长健壮、品质优良、无病虫害、结实年龄在10~15年生的结果树。适时采种是保证种子质量的关键，采摘过早，种子未成熟，发芽率低；若采摘过晚，种子易脱落。一般当果实由绿变成紫红色，种子变为蓝黑色，有4%~5%的果皮开裂时即可采收。

选作育苗用的种子，果实采收后不能直接在太阳下暴晒，要放在通风良好，干燥的室内或在阴凉通风处摊开晾干。但应注意摊放不要太厚，以3~4cm为宜，每天用小棍轻轻敲击，使种子从果皮中脱出，分离果皮（花椒）、果柄、杂质，即得到纯净种子。

花椒种子外壳坚硬，富含油脂，不易吸收水分，播种后当年难于发芽。因此，育苗用的种子，不论当年秋季或翌年春季播种，都必须先进行脱脂处理。常用的方法有4种。

（1）碱水浸泡法。将预处理的种子放入多于种子1~2倍的水中，搅拌后静置10~20min，除去上浮的秕籽和杂质，剩余的则为纯净的优良种子。再将精选后的种子放入铁锅或缸内，倒入温度为25~30℃、2%~2.5%的碱水溶液或洗衣粉水中，水量以淹没种子为宜，浸泡10~20h后，用手搓洗，除去种子表皮油质；或用直径5~10cm的木棒，在容器内不停地捣、搅，直至种子失去光泽；也可将浸过碱水的种子捞出，和沙子混合后用鞋底搓揉，除去表皮油质。然后用清水冲洗1~2次，将碱水或洗衣粉冲净。最后将脱脂洗净的种子捞出，与黄土、草木灰按 1∶1∶1 的比例搅拌混合后摊于阴凉干燥处，到秋季即可播种。

（2）牛粪拌种法。用新鲜牛粪与花椒种子按 6∶1 的比例混合均匀，抹平摊放在向阳背风的地方，厚度为 7～10cm，晒干后切成 10～20cm 大小的方块，放在通风干燥处保存。种皮油质经过一个冬季后自然除去，春季播种时，打碎牛粪块，即可播种。

（3）土块干藏法。将脱脂处理的种子和草木灰按 1∶3 的比例混合，加水渗透，堆积贮藏。或将种子、黄土、牛粪、草木灰按 1∶2∶2∶1 的比例混合均匀，加水做成泥饼阴干堆集越冬。到春季时打碎土块，即可进行播种。

（4）沙藏法。将脱脂处理的种子和湿沙按 1∶3 的比例混合后，选排水良好的地方，挖宽 1m、深 40～50cm 的大坑（坑的大小视种子的多少而定），将种子和湿沙混合放入坑内。也可一层沙子一层种子装入坑内，上面覆土 10～15cm，待春季取出即可播种。

3. 苗圃地的选择与整理

一般选择土层厚度在 80cm 以上，灌、排水条件良好，光照充足的沙壤土和中壤土为宜。播种前深耕，以利于蓄水保墒，改良土壤，消灭病虫杂草。耕作深度以 25～30cm 为宜。耕后要及时耙地。结合深耕，667m^2 施优质有机肥 3 000～5 000kg、并配施磷酸二铵 10～15kg，硫酸钾 3～5kg。农家肥必须充分腐熟，以免灼伤幼苗并带来杂草种子、病原菌和害虫。

4. 播种与播种后的管理

春秋两季均可播种，以秋季播种较为适宜。秋播种子在土壤中完成催芽过程，减少了冬季贮藏和催芽环节。

一般网棚采取南北走向，也可根据当地的立地条件因地制宜安排。为便于管理，一般棚宽 14～16m、长 40～60m，在地块中央南北向留出 1m 的作业道，沿作业道两边东西向作平畦，畦宽 100～120cm，畦间留 50cm 的作业道，两棚间各留出 1m，用于打锚固定棚架和防虫网，建成后实际棚宽 12～14m。

在畦内南北向按行距20~25cm画线、开沟、条播，开沟深度为2~5cm，要均匀一致。之后，向播种沟内均匀撒上种子，播种时为了防止播种沟干燥，应边开沟，边播种，边覆土。一般覆土厚度为1~3cm。覆土后要进行镇压，播种后有灌溉条件的则不宜镇压。条播一般每667m^2用种量10~15kg。

播种后，为了防止地表板结，保蓄土壤水分，减少灌溉，抑制杂草生长，防止鸟兽危害，提高种子发芽率，对播种地用塑料薄膜、细沙、秸秆等进行覆盖。塑料薄膜覆盖，增温保湿，效果较好，出苗快。当60%的苗木出土后就应及时通风、撤膜，以免灼伤幼苗。秸秆覆盖厚度以不见地面为宜，当幼苗大量出土时(出土60%~70%)，应分2~3次及时分期撤掉秸秆。

花椒育苗需水量较少。一般秋季播种，在播种后应立即灌水；春季播种，应在播种前灌足底水，播种后进行覆盖。在出苗期和幼苗生长期（6月以前），因嫩芽和幼苗怕水淹，多不灌水，若土壤干旱，可采用机械喷灌和人工喷洒，保持土壤湿润即可，切忌大水漫灌和苗圃地内积水。

苗木速生期（7—8月），生长速度快，需水量较大，若遇干旱应进行灌水，灌溉时间最好在早晨或傍晚，灌水量以灌后积水时间不超过2h为宜。

秋季播种的育苗地应在翌年春土壤解冻后立即进行松土。有覆盖的育苗地上，一般不必松土。春季播种的育苗地一般不需要松土。一般在灌水或降水后，杂草较多时及时松土除草，全年进行4~6次。松土深度初期应浅些，一般为2~3cm，随着苗木的生长，可逐步加深到10cm左右，苗根附近宜浅些，行间、带间宜深些。杂草是花椒苗的劲敌，要坚持“除早、除小、除了”的原则，以减轻杂草的为害。

间苗宜早，应实行“早间苗，迟定苗”的原则，在苗木长到高3cm时，就要按株距2~3cm开始进行第一次间苗，间苗对象以生长不良、发育不健全、遭受机械损伤和病虫害的幼苗为主，第一次间苗的留苗数应比计划产苗量多50%。15d后进行第二次间苗，此时还应除去影响周围多数苗木生长的“霸王苗”，第二次比计划产苗量多20%。当苗木长到10cm左右时，即可按株距5~6cm进行最后一次间苗（即定苗），一般667m^{2}留苗量4万株左右。间苗应在降水后或灌水后进行。

为了弥补缺苗断垄现象，可结合间苗进行补苗。补苗用锋利小铲将过密处的苗木带土掘起，随即移栽到缺苗处。移栽时注意压实，移栽后立即浇水。移植补苗最好在幼苗长出1~2片真叶期的阴雨天进行，如在晴天进行，则需适当遮阴，直至成活。土壤追肥分别在6月下旬和8月中旬两次施入。6月下旬追施尿素等速效性化学肥料，一次性施肥量为每667m^{2}施5~10kg，8月中旬适当追施磷肥、钾肥。

（二）椒苗移栽技术

1. 大田整地

定植前2~3周将土地深翻，每667m^{2}施3 000~5 000kg优质有机肥、并配施磷酸二铵10~15kg，硫酸钾3~5kg，按就地育苗技术作畦定植，定植前1~2d幼苗要浇透水，起苗或脱去苗钵时要求不伤根、不散钵。

2. 椒苗囤栽

在大田培育一年生苗木，待一年生花椒苗木的叶子全部脱落，此时即可起苗进行囤栽。起苗前要浇足起苗水并待土壤稍干爽时再起苗，以免损伤过多的须根。囤栽的苗木要求挺直粗壮，主根完整，须根较多。刨出的苗木要尽量减少风吹日晒的时间，及时根据苗木的高矮将苗木分成3个等级（60cm以下；60~70cm；70cm以上），按等级将苗木囤栽，囤栽前在苗木饱满芽处短截。按育苗移栽技术整地、施肥、作畦、囤植。囤栽要求行距20~25cm，株距为5~6cm，定植后及时浇定植水。

（三）网棚架设

1. 架设时间

当年生花椒苗在椒苗长到30cm时即可架设，9月上中旬收网、撤棚并妥善保管。以后每年花椒萌芽前架设，9月上中旬收网、撤棚。立柱最好每年做1次防锈处理，以延长其使用寿命。

2. 架设要求

选用粗细不同的两种钢管（直径4cm和6cm）相套，大棚2根中柱高2.4m，由1.5m长的6号钢管、1.5m长的4号钢管用1个紧箍件套在一起，高低可调，做成可升降式支柱，4号钢管最顶端磨1个“十”字形小槽用于固定钢丝，插入地面部分用15cm长角铁焊成“十”字形，用以固定和防止下陷；2根边柱高1.5m，由1m长的6号钢管、1m长的4号钢管用1个紧箍件套在一起，顶部用15cm长角铁焊成，做成“丁”字形支架，插入地面部分用15cm长角铁焊成“十”字形。“二高二低”4根支柱为一组，中柱间距离3~5m，中柱与边柱间距离2.5~3m，边柱距棚边距离1.5m，中柱直立插入底面，边柱按50°~60°倾斜角插入地面。如因地块限制，网棚宽度在9m以下时，“一高二低”3根支柱为一组。然后，选用粗细适度的铁丝撑于支柱顶部，形成大棚的拱形骨架，用铁锚固定棚体两边铁丝。棚边两组骨架用4号钢管做成拱形骨架进行固定，并在每根支柱内侧用1.5m的6号钢管按50°倾斜角加固。拱形骨架间距离4m，最后用铁丝在骨架间中柱上竖向固定，与拱形骨架上铁丝形成网状结构。上网前把立柱顶角铁和“十”字形铁丝连接处用布条、塑料布等进行缠裹，以防划破防虫网。也可用水泥柱代替钢架做永固性立柱。

选用60目优质尼龙网按棚体大小（4个面的底边比分别长出40cm左右）做成防虫网罩在骨架上，并在棚的四周开30cm的沟，用土把防虫网压实。盖网后再在棚网上拉压膜线压网。有条件的，可在立柱铁丝上固定喷灌设施，并架设遮阳网。

（四）田间管理

1. 浇水

花椒根系耐水性很差，土壤含水量过高和排水不良，都会严重影响花椒树的正常生长。因此，花椒苗不能栽植在低洼易涝的地方，灌水时应避免树下长时间过水或积水。一般于上冻前浇一次封冻水，以增强树体越冬能力。解冻后根据土壤墒情，以保持土壤湿润但不积水为度适时进行灌水。有条件的地方最好采用水、肥、药一体化喷灌技术，这样既可以控制灌溉量，节约用水，又不易造成积水和土壤板结，同时还能增加空气湿度，适当降低棚内温度，促进芽菜生长并保持芽菜鲜嫩。一般为使幼芽生长迅速并保持鲜嫩，每天中午前可进行 1 次喷雾，以喷至叶面滴水为宜。

2. 施肥

于 9 月下旬至 10 月上旬，每 667m^2 施 3 000kg 优质农家肥、50kg 过磷酸钙、30kg 硫酸钾，结合秋施基肥进行中耕、灌水。

在第一次采摘芽菜后，667m^2 追磷酸二铵 15kg，在生长季节可根据花椒苗生长情况结合灌溉追施 1~2 次腐熟人粪尿，并在每次采芽后叶面喷 1 次 0.3%尿素+0.2%的磷酸二氢钾溶液，以补充树体营养，增强光合作用。

3. 中耕除草

一般每个生长季节结合追肥中耕除草 2~3 次，花椒根系分布较浅，不宜深锄，以免伤过多影响树体生长，发现杂草及时人工拔除。

4. 光照调节

夏季由于光照强，温度过高，蒸腾作用强，营养物质消耗量大，不利于养分积累。为给花椒树生长创造一个良好的环境，促进养分积累，要采取适当的遮光措施，避免强光照射，降低温度，减少树体营养消耗。一般在夏季晴天 10—15 时采取遮光措施。

5. 修剪

在花椒芽菜的栽培过程中，必须在合理密植的基础上采取合理的修剪措施，保持一定的通风透光条件，尽量减少无效叶片的营养消耗，促进光合作用。生长季节要及时除去过密的细弱侧枝条。秋季落叶后至萌芽前根据花椒苗密度和生长状况，逐年间苗，以每平方米留健壮主枝 120~150 条为宜。在枝条的饱满芽处短截，疏除细弱枝和过密枝，剪除基部 30cm 以下的萌蘖枝和拖地枝。

6. 病虫防治

花椒芽菜栽培过程中，病虫害防治措施主要有 4 个方面技术措施。

（1）落叶后及时清除地面枯枝和杂草并集中烧毁。

（2）萌芽前喷施 5 波美度的石硫合剂 1 次。

（3）为害花椒苗木的病害主要有叶锈病，发病时叶背面出现锈红色的不规则环状或散生孢子堆，严重时扩及全叶。可喷 1：1：100 倍的波尔多液或 20%粉锈宁 600~800 倍液或 65%的可湿性代森锌 500 倍液防治锈病及其他病害。

（4）虫害主要为花椒蚜虫，严重时影响植株生长和花椒芽菜质量，架设防虫网是防治花椒蚜虫的有效方法，发现蚜虫可采取黄板诱杀；蚜虫对灰色具有负趋性，最好使用银灰色遮阳网；也可用 10%蚜克西可湿性粉剂 2 000~3 000 倍液或保硕一号等农药进行防治。其他常见花椒芽菜的虫害还有花椒橘啮跳甲。如有发生，可于 4 月中下旬喷洒溴氰菊酯杀灭越冬成虫，5 月上中旬喷洒 50%辛硫磷乳油 1 000 倍液，毒杀一代幼虫。注意：使用化学农药在芽菜采摘后及时进行，采摘前 30d 禁止使用农药，且要交替使用，每种农药在一年内只准使用 1 次，以免产生抗药性。

第四节　花椒芽苗菜生产工艺

花椒芽苗菜生产在加温玻璃温室中多层培养架上进行，分育苗架和绿化架，用小于 30mm×30mm×4mm 角钢焊接而成。

培养架高 1.65m，长 87cm，宽 78cm。绿化架各层相隔 25cm，可利用层次共 7 层。晴天绿化架下面各层散射光强度可达 3 000~5 000lx，能满足芽苗菜生长需要。育苗架各层相隔

12.5cm，可利用层次共12层（最上层遮阴）。育苗架和绿化架每层相隔21cm左右设一道横梁，以便于苗盘摆放。培养盘采用黑色塑料育苗盘，其规格为60cm×23cm×5cm。育苗盘底部有许多直径2mm左右的小方孔，以利滤水。育苗架和绿化架每层横向放3盘，纵向放1盘，共计4盘。生长期间采用立体移动式喷灌装置从培养架一侧进行喷水。此外，还需要家用冰柜和恒温箱。冰柜主要用于花椒种子的冷热交替处理，以除去种子表面的油质，提高种子吸水能力；恒温箱用于种子催芽。

花椒芽苗菜工厂化生产一般要经过种子筛选、冷热交替处理、赤霉素浸种、催芽、播种、育苗、绿化、精选包装等步骤。

种子筛选是将种子过筛除去灰尘和杂物，然后再将种子放入0.3%的漂白粉水溶液中漂洗以进一步除去杂物和瘪籽，并对种子进行消毒处理。

冷热交替处理是将种子装入布袋（20cm×40cm），每袋约2.5~3.0kg。将布袋放入水中浸湿并摊成薄层，夜间放入冰箱冷冻室，白天置于室温解冻。经过20d左右，可除去花椒种子表面的油质，提高种皮透性。处理后将种子倒出，用流水冲洗至水澄清。

浸种是将种子倒入400mg/L的赤霉素水溶液中浸泡24h，然后用清水冲洗干净。

经过赤霉素处理，再将种子装入布袋，放入恒温箱内30℃恒温黑暗条件下催芽，待种子露出胚根达3~5mm长时停止。

催芽后，将种子倒入清水中，采用比重法捞出已发芽的种子，然后均匀地播种培养盘中，或者在盘底铺一层无纺布，浸湿将草炭土和椰糠以1∶1比例混合作基质铺在无纺布上，厚度1~2cm，撒播后盖一层0.5~1cm厚的基质，浇足水，覆盖一层塑料膜和报纸遮阴。培养盘底垫两层湿润的报纸。播种量为120~160g，播种量切忌过多，否则根系发黄，影响质量。将培养盘放在育苗架上，每层4盘，每架48盘。育苗在弱光下进行，一般每隔6~8h用立体移动喷灌浇1次水。白天控制温度在25~28℃，夜间维持15℃左右。

培养 48h 后，必须在喷灌水中添加营养液，营养液各元素浓度（mg/L）分别为 N 100.0、P 30.0、K 150.0、Ca 60.0、Mg 20.0、Fe 2.0、B 1.0、Mn 6.0、Mo 0.5。添加量随胚轴的伸长和子叶的展开程度而增加。一般经过 4~5d 的育苗阶段，可将花椒苗移至绿化架进行光照培养。每天浇水 4~5 次，傍晚浇 1 次营养液。花椒苗在光照 3 000~5 000lx 的条件下，光照培养 3~4d，苗高达 13~15cm，根茎尚未木质化或纤维化，叶色翠绿，即可采收。将花椒苗拔起后洗净种壳和基质，捆成小把装箱出售，也可托盘上市，一般每千克种子可生产芽菜 2~3kg。

包装主要是剔出病苗，并按苗大小不同进行分级，包装上市。

第五节　花椒芽菜的食用方法

花椒芽菜宜选颜色鲜艳、无病虫害、叶片完整清洁的鲜菜供食，也可晒干，装袋，随吃随取，容易保存。

花椒芽菜性温，味辛。经常食用能散寒除湿，可治风寒湿所致关节肌肉疼痛，有健胃促消化、止痛、解毒、杀菌、消灭作用。

花椒芽菜可凉拌、油炸及做成各种菜肴。前者以花椒芽做主料，精盐、酱油、味精、米醋作辅料，将花椒芽洗净切成 1cm 以下的小碎段，可根据个人喜好配入精盐、酱油、米醋等调味品，制成小菜，本菜特点是麻、辣、香俱全，风味独特。炸花椒芽时将精盐、味精、鸡蛋、面粉等佐料配成适中的面糊，将花椒芽洗净，沥干水分后蘸面糊入热油锅炸至浅黄色即可食用，本菜的特点是酥脆清香，还可以用花椒芽、植物油、红辣椒、葱蒜、芝麻、食盐、味精等制成辣酱花椒芽菜罐头。

第十章 低产花椒园改造

第一节 坡地花椒园的效益

营建坡地花椒园整地工程量较大，建园的投入较多，其经济效益、水土保持效益如何是人们关心的一个问题。现以山西省长治市平顺县留村的石灰岩山地 17 年生坡地花椒园为例，做简单分析。

一、投入产出比值高

根据山西省长治市平顺县留村 17 年生坡地花椒园，它的整地、苗木、造林等工料要一次性投入；施肥、整形修剪、中耕除草、病虫害防治、梯田修整、采收、加工等工作所需开支要连续性投入。最后得到干椒、种子、花椒油、油饼等产品。投入产出比为 1：19.6，总产出相当于总投入的近 20 倍，经济效益是十分明显的。

二、水土保持效益明显

通过修筑梯田及花椒园的土壤管理，明显地改善了土壤的物理性状，提高了土壤的保持水土的性能，通过实验证实，花椒园土壤的毛管最大持水理比荒坡提高 6.3%，渗吸能力比荒坡提高 42.3%。

通过投入产出比及水土保持效益的分析可以看出，营建坡地花椒园经济、生态效益均很好，是一种致富发家的值得推广的生产经营项目。

第二节　低产花椒园改造

在实际生产中，由于管理等原因，有些花椒园产量低而不稳，经济效益低下，失去了发展花椒的目的。应积极认真地进行改造。

（一）整个梯田

土壤是花椒树生长发育的基础，梯田失修，保水保肥能力差，是形成低产园的重要原因。

对于失修的梯田，要加固梯田地埂，把田面修整为反坡状，增加保水保肥能力，重修梯田上的拦水土埂，防止田面产生径流，引起水土流失。

对于土层较薄的梯田，要加厚土层。加厚土层的工程量大，可采取逐年培土的方法进行。一般于落叶后培土，培土可与施基肥结合起来，每株施有机肥 50kg，以氮磷为主的化肥 1kg（若有条件可灌水 50kg），水渗后田面培土 5~10cm，株距较大时可先在略大于树冠投影范围内进行，株距较小时，宜整个梯田普遍培土，通过逐年培土，使梯田的土层厚度达到 80~100cm。土层较薄又无土壤来源进行培土的低产花椒园，应通过降低密度，加强保墒（如田面覆盖作物秸秆，即能保墒，腐烂后又可增加土壤腐殖质），减少土壤的水分消耗，使花椒树与土壤间的水分供需矛盾尽可能地达到统一。同时加强中耕清除杂草，免得与花椒树争夺肥水。

（二）深翻

深翻可以疏松土壤，增加蓄水保墒能力，增加活土层深度，可以促进花椒树深层根系的发育，增加深层的根系数量，提高抗旱能力，可以促进表层根系的更新，防止根系交错盘结。深翻应于早春土壤刚解冻时或秋季摘椒后进行，深度 15~25cm，靠近树干周围要浅一些，不要损伤较大的侧根，远离树干逐渐加深。深翻至少 1 年进行 1 次，有条件时可 1 年进行 2 次（春秋各 1 次），深翻可与施基肥结合起来，以节省用工。

（三）增施肥料

提高土壤肥力除在秋季或早春结合深翻、培土施基肥外，应于春季开花时期和6月下旬至7月上旬花芽分化初期进行2次追肥，追肥应选有机肥和氮磷相搭配的化肥。若因天旱不能及时追时，要进行叶面喷肥（尿素、磷酸二氢钾溶液效果最好，浓度为0.5%~1%），于5月上旬到7月上旬喷洒3次。

（四）修剪

低产花椒园一般枝条紊乱，树形欠佳，进行修剪和树形改造时，要因树制宜，不能千篇一律。

有主干的低产树，可改造为自然开心形，视情况留3~4个主枝，每个主枝上留2~3个侧枝，主枝和侧枝的空间分布要合理搭配，错落有序，不能有的地方密有的地方疏。无明显主干的可改造为丛状形，留4~5个主枝，每个主枝上留1~2个侧枝。如果需要疏除的大枝数量较多，树形的调整应分年度完成。

在调整改造树形时，对于影响光照的重叠枝、交叉枝、平行枝、拥挤枝、病虫枝、徒长枝要进行疏除，或“疏一留一”或缩到壮枝壮芽处。能填补树体空当的徒长枝可作为侧枝或结果枝组培养。结果枝组内的密集枝、细弱枝和下垂枝也要疏除。

第十一章　花椒病虫鼠害及冻害防治

第一节　病　害

（一）落叶病

1. 为害特点

花椒落叶病广泛分布于陕西、甘肃各花椒产区。主要为害叶片、叶脉和叶柄，其次是嫩梢，由树冠下部向上发展。叶片发病产生1mm大小的黑色病斑，初期叶背病斑上出现明显的疹状小突起或破裂，即病菌的分生孢子，有时出现乳白色针头状的分生孢子角。后期叶面病斑上发生疹状小点，但当分生孢子盘集生在一起时，叶背则出现大型不规则褐色病斑。老叶病斑周围有时可见紫色晕圈。嫩梢感病后常集生带有分生孢子盘的梭形紫褐色小突起。病菌以菌丝体、分生孢子盘状态在落叶或枝梢的病组织内越冬，翌年雨季到来时产生分生孢子而成为初侵染源。在陕西关中地区，7月下旬至8月初开始发生病害，一般是位于树冠基部的椒叶出现病斑，然后再逐步向上发展。分生孢子主要借雨水飞溅传播。8月下旬至9月初为发病高峰，病叶已陆续脱落，严重的树冠中下部叶片全部落光。雨季早、降水多的年份，发病早而重；土壤瘠薄、管理粗放、树势衰弱，发病较重；树龄越大，发病越重。

2. 防治方法

①加强苗木检疫，以防病害传播。②及时烧毁落叶，结合修剪剪去带有病菌的枝条、病叶并焚烧。③7月上旬喷药1次，摘

椒后再喷药 1~2 次。药剂可用 65%代森锰锌可湿性粉剂 300~500 倍液或 1：1：200 波尔多液或 50%硫菌灵可湿性粉剂 800~1 000 倍液。喷药时使叶片两面受药。

（二）疮痂病

1. 为害特点

疮痂病主要发生在陕西关中地区，造成花椒叶片枯黄、大量脱落。该病常伴随花椒落叶病发生，但落叶病晚 1 个月左右。病状与落叶病很相似，均为害叶片、叶柄、叶脉而引起叶片枯黄脱落，其病斑大小与落叶病也相近。其区别在于此病在叶背产生的疹状突起较低，颜色较深，呈黑色；分生孢子盘较大，多连生，而且这些黑色病斑往往沿叶脉集生。一般 8 月末开始发生，由树冠下部逐渐向上发展，11 月达到高峰，树冠下部叶片全部枯黄脱落。病菌以菌丝状态和分生孢子盘在落叶上越冬，翌年温湿度适宜后产生分子孢子，经雨水飞溅传播，进行多次侵染。病斑一般在大雨后大量出现，降水较多的年份发病较重。花椒树栽植过密、通风透光不良、温度较高有利发病。

2. 防治方法

①在秋末冬初，集中烧毁或深埋病残落叶。②加强管理，采收后及时整枝修剪，铲除杂草，并培土施肥，增强椒树长势。③采收后立即喷药防治，可用 65%代森锰锌可湿性粉剂 300~500 倍液或 1：1：200 波尔多液或 50%硫菌灵可湿性粉剂 800~1 000 倍液。还可以在早春树叶未展前喷石硫合剂防治。

（三）菟丝子

1. 为害特点

菟丝子俗称缠丝子、黄缠、蔓藤，属菟丝子科（旋花科）菟丝子属，全国各地都有。菟丝子缠绕树干、枝干上，以吸器伸入皮层吸取水分及营养，花椒树被菟丝子缠绕后产生缢痕并有小孔，生长不良，树形凌乱，严重时幼树濒死。为害花椒的菟丝子为日本菟丝子，是一种无叶、无根、无叶绿素的能开花结果的草本植物。在自然情况下，菟丝子种子成熟后蒴果开裂落入土中，在土中越冬后翌年夏初萌发生长。幼苗有向光性，在空中来回旋转，当碰到杂草或寄生植物时即缠绕，并产生吸器伸入寄主组织，因吸器只能深入幼嫩的皮层，老树皮不能侵入，所以只为害幼苗及幼树。菟丝子的片段只要有腋芽，仍有生长能力，并可重新寄生。

2. 防治方法

①受害严重的花椒园，应在冬季深翻，使种子深埋于地下而不能发育，一般 3cm 以下土层则很难发芽。春末夏初，若发现菟丝子应立即连同寄主受害部位一起铲除，并清除树上或地上的断茎。②加强管理，消除杂草、灌木。发生严重的在树盘喷药，每公顷用 40%野麦畏乳油 3kg 或 50%燕麦敌乳油 2.5kg，加水 450L 喷雾，喷后耙翻混入 3~5cm 深的土层内，可杀死刚发芽但还未出土的菟丝子。③用鲁保一号菌剂（一种炭疽菌的生物制剂），浓度为每毫升含孢子 1 000~1 500 个，每 667m^2 用菌剂 1.5~3kg，16 时左右向花椒树上的菟丝子喷洒。阴天喷洒效果更好，喷药后 10d 左右菟丝子死亡。

（四）锈病

1. 为害特点

花椒锈病又称花椒鞘锈病、花椒粉锈病，由花椒鞘锈菌侵染所致，是花椒叶部重要病害之一。发病株在采果后不久叶片大量脱落，之后再次萌发新叶。

2. 防治方法

①发病前，喷施波尔多液（生石灰、硫酸铜、水比例 1：1：100或1：2：200）或 0.1~0.2 波美度石硫合剂。②发病树可喷施 15%三唑酮可湿性粉剂 1 000 倍液，控制夏孢子堆的发生。发病盛期每 2~3 周喷 1 次 1：2：200 波尔多液或 0.1~0.2 波美度石硫合剂或 15%三唑酮可湿性粉剂 1 000~1 500 倍液或 25%丙环唑乳油 1 000~1 500 倍液或 12.5%烯唑醇可湿性粉剂 600~800 倍

液。③落叶后将病叶清扫干净，集中烧毁。

（五）煤污病

1. 为害特点

花椒煤污病又叫黑霉病、煤烟病、煤病。主要为害花椒叶片，还可为害嫩梢及果实，发生严重的黑色霉层覆盖整个叶片，病叶率为90%以上。初期在叶片表面生有一层薄膜状暗色霉斑，以后随着霉斑的扩大、增多，黑色霉层覆盖整个叶面（菌丝和孢子），似烟熏状。末期在霉层上散生黑色小粒点（子囊壳），此时霉层极易剥离（有个别的难以剥离）。由于叶片被黑色霉层覆盖，阻碍光合作用而影响正常的生长发育。一般蚜虫、介壳虫和斑衣蜡蝉发生严重时发病严重，空气潮湿、树冠枝叶茂密、通风不良时有利于病害发生。

2. 防治方法

①及时防治蚜虫、介壳虫等刺吸式口器的害虫。②发病初期喷施0.2~0.3波美度石硫合剂或1：1：200倍波尔多液或螺虫乙酯药液或噻虫嗪药液等防治。注意修剪，使树冠通风透光。

（六）叶斑病

1. 为害特点

花椒叶斑病分布在陕西、河南、四川、贵州、广东等地，引起花椒叶片提前脱落。发病初期，被害叶片表面出现数个点状失绿斑，后逐渐变灰色至灰褐色小圆斑。

2. 防治方法

早春对花椒园深翻，将落叶翻压至土下；夏季加强肥水管理，中耕除草，增强树势；秋季清理园中病叶，集中烧毁或深埋；冬季剪除病、枯枝。发芽时可喷施1：1：150倍波尔多液，发病期喷65%代森锰锌可湿性粉剂300倍液，每7~10d喷1次，连续喷2~3次。

（七）枝枯病

1. 为害特点

枝枯病俗称枯枝病、枯萎病，由拟茎点霉属的一种真菌侵染引起。该病常发生于花椒树大枝基部、小枝分杈处或幼树主干上，引起枝枯，后期干缩。发病初期病斑不明显，随着病情的发展病斑呈灰褐色至黑褐色椭圆形，以后扩大为长条形。病斑环切枝干一周时引起上部枝条枯萎，后期干缩枯死。秋季病斑上着生黑色小突起（病菌的分生孢子器），并突破表皮而外露。病菌以分生孢子器或菌丝体在病组织内越冬，翌年春季产生分生孢子进行初侵染。分生孢子借雨水、风和昆虫传播，随雨水沿枝下流，使枝干被侵染而病斑增多，从而导致干枯。管理不善造成树势衰弱，或枝条失水收缩、冬季低温冻伤、地势低洼、土壤黏重、排水不良、通风透光不好的花椒园，均易诱发此病。

2. 防治方法

①加强花椒园管理，增强树势。合理修剪，防止冻害，避免花椒树受伤。结合夏季管理，剪除病枝，集中烧毁。②对不能剪除的大枝或主干上部的病斑或初期产生的病斑，可在除病斑后用1%硫酸铜溶液，或1%乙蒜素溶液涂抹伤口消毒。如发病较重时，早春可喷1次0.8：0.8：100倍波尔多液防治，也可在病斑处涂10%碱水或50%硫菌灵可湿性粉剂25倍液。③初冬进行树干涂白（生石灰2.5kg+食盐1.25kg+硫黄粉0.75kg+水胶0.1kg+水20L）。

（八）枯梢病

1. 为害特点

花椒枯梢病又叫梢枯病、枝梢枯死病。主要为害当年小枝梢，初期病斑不明显，病斑上生有许多黑色小点（分生孢子器）、略突出表皮。病菌以分生孢子器或菌丝体在病残组织上越冬，翌年春季病斑上的分生孢子器产生分生孢子，借风雨和昆虫传播，7—8月为发病高峰期，在一年当中病菌可多次侵染。降水较多年份发病重，树势衰弱、排水不良、偏施氮肥等均有利于发病。

2. 防治方法

①加强花椒树管理，增施有机肥，及时浇水排水，合理修剪，保证通风透光，增强树势。发现枯梢、病梢及时剪除，集中烧毁。②发病初期，可用70%甲基硫菌灵可湿性粉剂800~1 000倍液或45%代森铵水剂700倍液或50%代森锰锌可湿性粉剂600~700倍液喷雾防治，发病盛期喷1~2次。

（九）炭疽病

1. 为害特点

花椒炭疽病又叫黑果病，是由胶孢炭疽菌引起的。为害果实、叶片及嫩梢，造成落果、落叶和嫩梢枯死等现象。病菌在病果、病枯梢及病叶中越冬，成为翌年初侵染源。病菌分生孢子借风雨、昆虫等进行传播，在一年中能多次侵染，每年6月下旬至7月上旬开始发病，8月为发病盛期。

2. 防治方法

冬前树冠喷洒1次3~5波美度石硫合剂或45%晶体石硫合剂100~150倍液。发芽前喷洒1次50%百菌清可湿性粉剂500倍液或5%~10%轻柴油乳剂或45%噻菌灵可湿性粉剂800倍液，铲除树上残存的病原。幼果期重点防治，并加强花椒园管理，及时除草松土，防止偏施氮肥，促进健壮生长。雨后及时排水，并注意通风透光。春季嫩叶期、幼果期及秋梢期各喷1次45%晶体石硫合剂180~200倍液或80%福·福锌可湿性粉剂800倍液。陕西6月中旬可喷1次1：1：200倍波尔多液，8月喷1次1：1：150倍波尔多液。

落花后15~20d喷洒1次25%溴菌腈乳油400~500倍液或50%硫黄悬乳剂400倍液或40%三乙膦酸铝可湿性粉剂800倍液或30%甲基硫菌灵悬浮剂800倍液。

（十）白色腐朽病

1. 为害特点

花椒白色腐朽病又叫立木腐朽病、白腐病、朽木病，由稀硬木层乳菌侵染引起。被害花椒树木质部呈白色、朽木状，树龄越大越衰老，发病越重，病菌通过砍伤、创伤、剪伤、虫伤、冻伤或断枝等处侵入木质部。侵染初期病部木质部颜色变褐，形状不规整，表面湿润，剥开后为黄白色或灰白色，进而引起腐朽。腐朽病常为害韧皮部，造成韧皮部坏死。后期病部往往产生半球形或马蹄形子实体，遇到大风、大雨时，病树常自腐朽部折断。

病菌潜育期较长，当木质部腐朽达一定程度时，菌丝便通过树节或其他伤口在树干表面产生担子果，在同一株花椒树上担子果可产生多次。担孢子数量很大，可随风传播。

2. 防治方法

①消除病菌侵染源，将有担子果的病株彻底挖除，集中烧毁。②加强管理，修枝整形剪口用皂油或防护药（矿物油 2～3kg+松香 3kg+硫酸铜 200～300g+白土 4kg）涂伤口，也可用黏土+石灰+牛粪+水涂伤保护。③春季发芽前，喷洒 45%晶体石硫合剂 80～100 倍液，夏季用 1%硫酸铜液涂抹树干、枝干，或在秋末落叶后树上喷雾。修剪造成的伤口涂抹 843 康复剂，可起到保护作用，避免病菌侵入。

（十一）溃疡病

1. 为害特点

花椒溃疡病主要分布于甘肃陇南地区，受害树冠下部的大枝条或主干，产生较大的溃疡斑。病斑常环绕树干，造成整枝枯死。病斑初呈深褐色至黑色长椭圆形，以后逐渐扩大，纵向长度可达 10～35cm。大型病斑中央颜色逐渐变为灰褐色，病皮干缩，有橘红色颗粒小突起产生，即分生孢子座。病斑边缘处明显凹陷，病健组织交界清楚。当病斑停止扩展后，由于病斑周围组织愈伤作用的加强而在病健交界处出现开裂体。大型溃疡斑往往能环割树干，因而出现枝条枯死现象。该病的病原菌属瘤座孢目镰刀菌属的真菌，每年3月当气温逐渐回升时开始发病，4—5月为严重发生期，至6月，随气温的升高，树皮伤口愈合作用加强，病斑停止发展。病菌以菌丝状态和分生孢子座形式在病斑上越冬。幼小病斑往往在翌年发病季节继续扩大，而病斑上的繁殖体，尤其是已枯死枝条上的病斑产生的无数分生孢子座，会在翌年产生大量分生孢子，成为病害初侵染源。病菌主要通过创伤、修剪等机械伤口及虫伤侵入寄主组织。一般大龄花椒树易发生枝干溃疡。

2. 防治方法

①清除病残体，及时锯掉已枯死的病枝，集中烧毁。加强管理，科学施肥，合理浇水，及时修剪。②对活树上的病斑于早春或秋末用3波美度石硫合剂涂刷，可起到减少侵染源的作用，对健树涂干可起到保护作用。用1∶1∶100倍波尔多液防治也有良好效果。对各种伤口先用1%硫酸铜溶液进行消毒，再涂843康复剂或石灰水加以保护。

（十二）膏药病

1. 为害特点

该病在树干或枝条上初为灰白色或灰色斑点，扩大后直径达6~10cm。病斑紧贴树皮表面，日久中央变成褐色，形成椭圆形或不规则形茶褐色至棕灰色厚膜状菌丝层，有时呈天鹅绒状，菌膜边缘色较淡，中部常干缩龟裂，易脱落。整个菌膜像医用膏药，故得此名。病菌以介壳虫的分泌物为养分，病菌孢子还可随虫体的爬行而传播蔓延。通风透光不良、土壤黏重、排水不良的地方易发病。

2. 防治方法

防治介壳虫是防治膏药病的有效方法之一，可用40%乐果乳油400~500倍液喷施，或在树干虫体上涂刷黄泥浆。发病初期刮除树上菌膜后涂1~3波美度石硫合剂或20%石灰乳或50%代森铵水剂 200 倍液。

（十三）花叶病

1. 为害特点

花叶病俗称花椒病毒病、红黄斑驳病、黄斑病，由花椒花叶病毒（PMV）引起。该病为害花椒叶片，感病叶片形成褪绿斑，严重时花椒树生长衰弱，产量逐年降低，而且易引起其他寄生性病害。叶片病状有花叶型、黄叶型、红叶型和复合型等多种类型。染病后各部分组织中都带有病毒，为系统性侵染，只要寄主组织存活，病毒也一直存活着。病势发展与环境条件有一定关系，因此症状时轻时重，甚至在一株花椒树上，不同部位或不同生长阶段的叶片症状轻重也不尽相同，而且有病害交替出现现象。花叶病可通过嫁接传染，砧木或接穗带毒是传播的主要来源，病种子也可传染，还可通过蚜虫、椿象等刺吸口器害虫传播。

2. 防治方法

①及时拔除苗圃中的病苗并集中烧毁。嫁接时应选无病枝条作接穗，或用无病、抗病砧木，以杜绝花叶病的发生；及时刨除为害严重的大树，重栽健壮苗木。②用杀虫剂防治传毒蚜虫和椿象等。发病初期喷洒 20%吗胍·乙酸铜可湿性粉剂 500 倍液或 3.95%病毒必克（有效成分为三氮唑核苷、硫酸铜、硫酸锌）可湿性粉剂 500 倍液，每隔 7~10d 喷 1 次，连喷 3~4 次。

（十四）木螨病

1. 为害特点

花椒木螨病又称树花，主要由担子菌亚门中的多孔菌、伞菌和少数子囊菌侵染树体，树皮表面形成各种各样形状的子实体。有的子实体很薄，由菌丝体和菌丝体顶端着生孢子组成，紧贴树皮，呈一薄层；有的较厚，突出树皮表面，呈片状、团状或蜂窝状，颜色呈白色、淡黄色或黑色，革质。有些子实体具有芳香气味，常诱害虫加重为害。该病主要为害花椒树根茎部和干部，受害植株生长衰弱，叶片枯黄脱落，影响花椒产量和品质。此病菌以孢子或菌丝体在病株残余组织内或子实体上越冬，发生期多在夏秋多雨季节。病菌孢子借风雨传播，多雨年份发病严重。菌丝体在树皮内扩展延伸，大量繁殖，子实体随之增生，产生的孢子是侵染的主要病原，易在老树、衰弱树上发生。菌丝分腐生型和寄生型，菌丝腐生于根、茎交界处，表皮覆盖白色或紫色丝绒状的菌丝层，容易剥落；菌丝寄生于枝干木质部中，在树皮表面形成各种形式的子实体。

2. 防治方法

①加强花椒树管理，增强树势，提高树体抗病能力。及时截除枯枝、病枝，截除部位要低，截除后用高培土法将残桩埋入土内，防止茎基和根际因伤口而形成腐烂。若有伤口要及时涂药保护。②患病树应及时摘除子实体，用 50%多菌灵可湿性粉剂 600 倍液或 5 波美度石硫合剂溶液在病灶区域喷雾，也可用石灰水、波尔多液涂刷。

（十五）花椒树木耳

1. 为害特点

花椒树木耳又叫黑木耳、云耳，由木耳菌在花椒树枝干上腐生而形成，属担子菌亚门木耳目木耳科木耳属。花椒产区均有发生，是花椒产区衰老花椒树基部常发生的一种菌类，尤其降水量较多的年份发生严重。大多是腐生，多发生于根茎交界处的树桩上，枝干上也常有发生，但木耳小而少。空气中的担孢子落到腐烂发朽的树皮上，在潮湿和多雨的条件下担孢子萌发，向树皮内部长出菌丝，菌丝形成菌丝层，随后树皮表面生出灰色或褐色的粒状子实体，子实体长大后如人耳状，为褐色或黑色，富有弹性，故称木耳。木耳内含胶性物质，失水干燥后皱缩成为角质。子实体可一次生长，也可多次生长，干燥时皱缩停止生长，遇水后又可膨大继续生长。湿润时半透明，可食用或药用。

木耳担孢子在子实体上越冬，也可在枯枝上越冬，翌年担孢子可随风或气流传播，落入伤口即可萌发，衰老树皮腐烂裸露的部位发生较多，降水较多年份，尤其秋雨多时发病率高。一般侵害皮层和木质部，患病处先发生黑色小粒点，长大后成为木耳。该病可加剧树体腐烂发朽程度，导致树体衰老和死亡。

2. 防治方法

①加强管理，科学施肥，合理灌溉，增强树势，保护树皮完好，避免造成伤口。②花椒衰老树更新时，去枝部位要低、不留残桩。掉皮的部分，用保护剂加以护理或用土封住。③局部朽木上生出木耳后及时摘除，避免蔓延；同时用波尔多液在腐烂处涂白杀菌。

（十六）流胶病

1. 为害特点

花椒流胶病又叫干腐病，是伴随吉丁虫而发生的一种严重枝干病。花椒树在春、夏、秋三季均会流出似胶状物，俗称流胶。主要为害花椒枝干，导致树皮开裂，树干逐渐干枯，叶片黄化，一般发病率 20%以上，最高达 100%。该病能迅速引起树干茎部韧皮部坏死腐烂，导致叶片黄化乃至整个枝条或树冠枯死。该病主要发生在树干基部，严重时树冠上部枝条也发病。发病初期病部呈湿腐状，皮稍有凹陷，并伴有流胶。病斑黑色长椭圆形，剥开树皮常见白色菌丝布于病变组织之中。后期病斑干缩、龟裂，并出现许多橘红色小点（分生孢子座），老病斑上还产生许多蓝色球形颗粒，即病菌的子囊壳。大病斑可达 5~8cm，造成大面积的树皮腐烂，枝条叶片黄化，当病斑环绕一周时，枝条即枯死。

该病以菌丝体及繁殖体状态在病变组织内越冬，5 月初当气温升高时老病斑恢复扩开，6—7 月产生分生孢子，主要借雨水传播，通过伤口入侵。自然条件下，被吉丁虫为害的花椒树大都具有干腐病发生。病害发展可持续到 10 月，当气温下降时停止发展。花椒树流胶主要是由于枝干皮层受虫害、灼伤所致，气温越高，流胶就越重，人为造成的大伤口则流胶更严重。

2. 防治方法

①对窄吉丁、柳干木蠹蛾、天牛类等蛀干性害虫加强防治，是防止流胶的根本途径之一。②减少人为因素对花椒树的损伤，如采摘花椒时不能损伤树皮，更忌连枝采，管理花椒和农作物时，注意不要损伤树皮。③涂维生素软膏，涂前先把树体上的胶状物刮除，防效可达91.6%。④涂熟猪油。猪油含有脂肪酸，涂在伤口上有滋润树皮、控制流胶的功能，效果可达100%。⑤加强椒园管理，增强树体抗性。增施有机肥，改善土壤状况。冬春季节树干涂白，防止冻害、日灼，减少机械损伤。刮除病斑，然后用腐必清80倍液或5波美度石硫合剂涂抹，再用蜡涂伤口。⑥在花椒吉丁虫发生期，用40%乐果乳油，兑柴油喷洒树干，间隔数日再喷1次50%甲基硫菌灵可湿粉剂500倍液，效果最好。对发病较轻的干上病斑可进行刮除，可用小刀纵横划线、深入木质部，再用1∶1∶(150~200）倍波尔多液或50%硫菌灵可湿性粉剂500倍液涂抹。⑦每年4—5月及采椒后用80%乙蒜素乳油1 000倍液喷施树干2~3次。

(十七）黑胫病

1. 为害特点

花椒黑胫病是由柑橘褐腐疫霉侵染引起的，又叫花椒流胶病。被害花椒树病情扩展迅速，常绕茎部形成环状病斑，导致植株死亡。病株根、茎感病后，初期病部出现浅褐色水渍状微凹陷病斑，并有黄褐色胶汁流出，继而缢缩。黑褐色皮层紧贴木质部，有黑褐色胶汁溢出。根基部被病斑环绕一周后，叶片发黄，上部枝干上多处产生纵向裂口，黄褐色胶汁流出干后成胶，植株逐渐枯死。病菌存在于土壤中，是一种靠土壤和水流传播的病害，从根茎部伤口或皮孔入侵。病菌自花椒树根、茎入侵而发病，3—11月均可侵染椒树，5—6月为发病盛期。一般水浇地或降水多的地区发病较重。

2. 防治方法

①栽培抗病品种，如红椒等，并用野花椒作砧木，采用高位嫁接方法，保存不抗病的大红袍花椒品种。冬季树干涂白，防止冻害、日灼，减少机械伤害。防治窄吉丁、柳干木蠹蛾、天牛类等蛀干性害虫。②刮除病斑后用腐必清 80 倍液或 5 波美度石硫合剂涂抹伤口，再用蜡涂抹伤口。合理灌溉，防止大水渍及根茎，减少病原传播。③对感病品种，定植前用 40%三乙膦酸铝或 45%代森猛锌可湿性粉剂 20 倍液浸根、垄后定植；对已成活的花椒树分别于 3 月初和 6 月初，用 50%琥铜 · 甲霜灵可湿性粉剂 200~300 倍药液各灌根 1 次并培土，保护树体防止侵染。发病初期，喷洒 60%百菌通可湿性粉剂 500 倍液或 32. 5%锰锌 · 烯唑醇可湿性粉剂 600 倍液。④涂维生素 B_6 软膏，先把树体上的胶状物刮除再涂，效果可达 91. 6%。也可涂猪油，猪油含脂肪酸，涂在伤口上有滋润树皮、抑制伤流（流胶）的功能。

（十八）黄叶病

1. 为害特点

花椒黄叶病又叫黄化病、缺铁失绿病，属生理性病害，主要是土壤中缺少可吸收性铁离子而造成。由于铁元素供给不足，叶绿素形成受到破坏，呼吸酶的活力受到抑制，致使枝叶发育不良，形成黄叶。以盐碱土和石灰质过高的地区发生较普遍，尤以幼苗和幼树受害严重。发病多从花椒新梢上部嫩叶开始，初期叶肉变黄而叶脉仍为绿色，使叶片呈网纹状失绿。发病严重时全叶变为黄白色，病叶边缘变褐而焦枯，病枝细弱，节间缩短，芽不饱满，枝条发软且易弯曲，花芽难以形成。一般花椒抽梢季节发病最重，多在 4 月出现症状，严重地区 6—7 月即大量落叶，8—9 月枝条中间叶片落光，仅留顶端几片小黄叶，干旱年份或生长旺季发病略有减轻。

2. 防治方法

①选用抗病品种，或选用抗病砧木嫁接。②改良土壤，间作

豆科绿肥，加强盐碱地改良，科学灌水洗碱压碱。③花椒黄叶病发生区，可用30%康地宝土壤调理剂，每株20~30mL加水稀释浇灌，迅速降碱除盐，调节土壤理化性状，使土壤中的营养物质和铁元素转化为可利用状态。同时，结合施有机肥，每株增施硫酸亚铁或螯合铁1~1.5kg。④花椒萌芽前喷施0.3%硫酸亚铁。生长季节喷施0.1%~0.2%硫酸亚铁溶液或12%小叶黄叶绝叶面肥400倍液。用强力注射器将0.1%硫酸亚铁溶液或0.08%柠檬酸铁溶液注射到枝条中，防效也较好。

第二节　虫　害

（一）铜绿丽金龟

1. 为害特点

铜绿丽金龟又叫铜绿金龟子，为杂食性害虫。幼虫在土中为害苗木根系，造成缺苗断垄；成虫为害树叶，严重时将椒叶吃光。成虫体长15~21mm，背面大部分为铜绿色，有光泽。幼虫体长30~33mm，头部前顶毛每侧8根，后顶毛10~14根。1年发生1代，以三龄幼虫在土中越冬，翌年4月越冬幼虫上迁为害，5月化蛹，6月上旬成虫羽化。成虫白天潜伏于灌木丛、草皮外表土内，黄昏时飞出交尾取食，21—22时为活动高峰，尤以闷热无雨的夜晚活动最盛。成虫群集为害，具假死性和强烈的趋光性。

2. 防治方法

①每667m^{2}用5%辛硫磷颗粒剂2kg或辛硫磷炉渣颗粒剂（即75%辛硫磷25g，加水5L、炉渣25kg）25kg，进行土壤处理，然后育苗。②越冬成虫出土高峰期，用50%辛硫磷乳油1 000倍液或80%敌敌畏乳油1 500倍液喷洒。③黑光灯诱杀成虫，每天20—23时开灯，成虫盛期可适当延长。④成虫盛发期利用雌成虫放出的性激素引诱雄成虫，方法是收集雌成虫，放入盆内或笼内，引诱雄成虫前来交尾，集中捕杀。

（二）金龟子

1. 为害特点

金龟子体长椭圆形，头部较小，有1对鳃叶状的触角。蛴螬为金龟子幼虫，又称白蚕、白土虫、大头虫，体形接近圆筒状、白色，表面有许多皱纹，常弯曲成马蹄形。蛴螬一生经历卵、幼虫、蛹和成虫4个阶段，前3个虫态在土内度过，只有成虫才出土活动。幼虫在土中为害根系，造成缺株断垄；成虫为害树叶，发生严重时可将椒叶吃光。

2. 防治方法

①播种、扦插及移栽前精细整地，捡出幼虫和成虫，并注意清理杂草、落叶。秋冬耕耙把害虫翻出地面，增加其致死机会。②合理施肥，施用充分腐熟的有机肥。③适时浇水，特别是11月前后冬灌和生长期浇灌大水，均可减轻为害。④苗木生长期或移植后可用90%晶体敌百虫1 000倍液灌根。⑤成虫发生高峰期用黑光灯诱杀，或用糖醋液（红糖6份、醋2份、酒1份、敌百虫3份、水10份配制）诱杀，傍晚投放早晨取回；圃地种植蓖麻，部分金龟子嗜食中毒麻痹，击倒后即时收集消灭。麻叶0.5kg切碎加水5L浸泡2h，过滤喷雾，3d内有效；干谷、麦麸或绿肥50kg炒香，拌入或喷洒敌百虫0.5kg，放于土内，可毒杀金龟子、蝼蛄、蟋蟀等；在温暖无风天的下午喷40%乐果乳油1 000~1 200倍液。⑥利用金龟子假死性振落扑杀。⑦播种前整地时每667m^{2}用75%辛硫磷乳油250g加细土30kg拌匀，随撒施随翻入土内。每667m^{2}用发酵油脚7.5kg，加水20L拌匀喷于苗床，后用清水喷洗苗叶，10min后蛴螬、地老虎出土，30min后死亡。金龟子腐尸有忌避作用，将其尸体粉碎装袋，发臭后浸泡去渣，稀释150倍喷于树上，有良好防治效果。

（三）大袋蛾

1. 为害特点

大袋蛾又叫大衰蛾、大窠衰蛾。在华北地区1年发生1代，广东等地1年发生2代，老熟幼虫在丝袋内越冬，翌年5月初开始化蛹，5月下旬羽化为成虫，6月中旬进入幼虫孵化期。幼虫孵化后爬出衰囊，吐丝下垂，随风飘动，接触枝叶后寻找适当位置吐丝缠自身并咬取枝叶碎片，黏于丝上围绕1个圆圈造袋。一至三龄幼虫取食叶片表皮及叶肉，使叶片破裂呈孔洞。四至五龄幼虫食量最大，四龄幼虫分散为害，背负袋囊转移到树冠外围的叶背为害。老熟幼虫将袋固定在小枝上，袋口用丝封紧，在其中越冬。大袋蛾以幼虫为害椒叶，严重时将叶片食光，剥食枝干皮层，影响树木生长，甚至枯死。幼虫一直为害至10月下旬，并以老熟幼虫越冬。

2. 防治方法

①人工摘袋或剪除有袋枝梢，消灭幼虫及蛹。②调运苗木时仔细检查，剔除虫袋，使幼虫不传入新的花椒园。③7—8月喷雾防治初孵小幼虫，可用90%晶体敌百虫800倍液，或50%杀螟硫磷乳油1 000倍液或80%敌敌畏乳油1 500倍液或20%氰戊菊酯乳油3 000倍液，均匀喷洒树冠。④根部注药法。一是根颈打孔注药法，将根颈部土层翻开，在主、侧根基部与干基倾斜40°左右处打深3~5cm的孔，五年生以上树打4~6个孔，五年生以下树打2~3个孔，然后注入药液（药剂可用50%杀螟硫磷乳油10~20倍液或50%辛硫磷乳油10~20倍液），孔口用纸片盖住，上面封土即可。二是断根注药法，即在距树干0. 5~1m处挖坑，找到侧根后将其下部截断，插入装好药液的小玻璃瓶或不漏水的塑料袋，上面封土踏实。

（四）红胫花椒跳甲

1. 为害特点

红胫花椒跳甲俗称土跳蚤、折花虫、折叶虫、霜杀等，是近年发现为害花椒的新害虫。幼虫蛀食花椒花序梗和复叶柄，造成花序和复叶萎蔫变褐下垂，继而黑枯。成虫只食叶片，造成缺刻或孔洞。

成虫阔卵形，长 3mm 左右，背面翠绿色。幼虫老熟后长约 6mm，体细长稍扁，老熟时黄白色。田间一般 4 月下旬初见卵，4 月底至 5 月初为盛期。卵经 6~7d 孵化为幼虫，4 月底至 5 月初幼虫开始为害，5 月上中旬为为害盛期，5 月中旬末至 6 月下旬化蛹。6 月中下旬新一代成虫出现，7 月上旬为成虫盛期，8 月上中期陆续蛰伏。成虫善跳，昼夜都在叶背活动，受惊跳离叶背假死。成虫食嫩叶或梗，一般从叶缘食成缺刻，也有从叶片中间食成一个个孔洞。雌成虫将卵散产于花序梗（少数前期花芽萌动时产于花芽内）、复叶柄基部。幼虫孵化后直接钻入花梗或叶柄内食害，只留表皮，使之萎蔫变褐下垂，继而变黑焦枯，故有折花虫、折叶虫和霜杀之称。幼虫蛀入口往往有黄白色胶状物流出，呈半圆球状，髓内也有胶状物充塞。

2. 防治方法

①4 月中旬花椒萌芽期，越冬成虫出蛰上树活动时，喷洒 40%乐果乳油 1 000~1 500 倍液，花椒芽长至 1. 5cm 时再喷 1 次。也可用 20%辛硫磷粉剂进行土壤处理，杀死越冬成虫。②4 月末至 5 月中旬，剪除枯萎的花序及复叶，并及时烧毁或深埋。6 月上中旬耕地灭蛹。花椒收获后清除树冠下枯枝落叶和杂草，并将翘皮、粗皮用刀刮净，消灭越冬成虫。③5 月中旬喷 1 次 10%吡虫啉可湿性粉剂 1 500 倍液杀死第二代幼虫，8 月上旬再喷 1 次杀死二代成虫。

（五）铜色花椒跳甲

1. 为害特点

铜色花椒跳甲又称铜色潜跳甲，俗名折花虫、土跳蚤、椒狗子等，是国内花椒新害虫。该虫以幼虫蛀食花梗和复叶总叶柄的髓心，使花序嫩茎和复叶萎蔫枯焦变黑，酷似霜害。也可蛀入花椒果实内取食种子，使果实提早脱落。发生区花椒树枯叶率为 25%~70. 9%，甚至 90%以上；花序萎蔫率 34. 6%~75. 5%，严重时达 100%。成虫只取食叶片，造成一定为害。

成虫体卵圆形，古铜色有紫光，体长3~3.5mm。幼虫细长略扁，体长6~6.5mm，初孵幼虫淡白色，化蛹前黄白色。该虫1年发生1代，幼虫4个龄期，以卵越冬，翌年4月上旬卵粒孵化，4月中下旬越冬成虫产的卵孵化成虫。幼虫个体为害10~20d，群体为害25~30d。成虫在花椒树冠下及其附近5cm深的土中越冬，翌年4月花椒发芽时开始出蛰活动，越冬成虫寿命约30d。成虫善跳跃，有假死性。雌成虫产卵于花序梗、叶柄基部，4月下旬至5月上旬为产卵盛期，卵经6~7d孵化后小幼虫开始蛀入叶柄部取食髓心，5月上中旬为为害盛期。幼虫蛀入后，钻入孔常有黄色胶状物流出，取食后的髓部被食尽时幼虫即迁移为害。经15d后幼虫老熟落地入土化蛹，10d左右新一代成虫羽化出土，7月上中旬为成虫出土高峰期，出土后的成虫多在花椒树中下部枝条的叶片背面啮食补充营养，8月后入土蛰伏，准备过冬。

2. 防治方法

①椒树萌芽前在树干周围1m范围内培土30cm厚，并踩实或覆盖农膜。②4—5月剪除萎蔫的花序和复叶，深埋或烧掉。6月下旬结合中耕除草清除树冠下的杂物，翻土破坏化蛹场所。秋末再次中耕，毁坏其越冬场所，并消灭越冬成虫。③4月中旬用2.5%溴氰菊酯乳油1 000倍液或40%乐果乳油1 000~1 500倍液喷雾，4月下旬再喷1次，可有效地杀死蛀入叶柄、花序梗髓心的幼虫及出蛰后的成虫。

（六）红蜘蛛

1. 为害特点

红蜘蛛又叫山楂叶螨、火龙、叶螨。以若螨、成虫螨为害芽、叶、果，常群集叶背拉丝结网，在网下刺吸叶片汁液，被害叶片出现失绿斑点，后变成黄褐色或红褐色，枯焦及脱落。1年发生6~9代，以受精雌成虫在枝干树皮裂缝、粗皮干及靠近干基部土块缝里越冬。越冬成虫在花椒发芽时开始活动，并为害幼芽。第一代幼虫在花序伸长期开始出现，盛花期为害最盛。雌雄交尾后产卵于叶背主脉两侧，也可孤雌生殖。高温干旱有利于发生。

2. 防治方法

①芽体膨大时，向树体和树干基部周围土壤喷索利巴尔 50~80 倍液或 3~5 波美度石硫合剂，把越冬成虫消灭在产卵之前。春季刮除老翘树皮。②生长季节虫口密度较大时，向树体喷 40%乐果乳油 1 500~2 000 倍液或 73%炔螨特乳油 3 000 倍液或 5%噻蛾酮乳油 1 500 倍液。落花后若螨发生期喷 20%四螨嗪悬浮剂或 15%哒螨灵乳油 2 000 倍液或 1.8%阿维菌素乳油 4 000 倍液。

（七）花椒蚜虫

1. 为害特点

蚜虫又名棉蚜，俗称蜜虫、腻虫、油虫、旱虫，我国花椒产区均有发生，海拔较低处干旱年份发生较重。花椒蚜虫以刺吸口器吸食叶片、花、幼果及幼嫩枝条梢的汁液，被害叶片向背面卷缩、畸形生长，并加重落花落果。同时，蚜虫排泄蜜露，使叶片表面油光发亮，影响正常代谢和光合作用，并诱发病害。

蚜虫生活史较复杂，华北地区 1 年可繁殖 20~30 代，以卵在花椒等寄主上越冬，翌年 3—4 月花椒芽开始萌发后，越冬卵开始孵化。孵化后的若蚜叫作干母，干母一般在花椒上繁殖 2~3 代后产生有翅胎生蚜，有翅蚜 4—5 月飞往棉田或其他寄主上产生后代并为害，滞留在花椒上的蚜虫至 6 月上旬后即全部迁飞。8 月已有部分有翅蚜从棉田或其他寄主上迁飞至花椒上第二次取食为害，这一时期恰是花椒新梢的再度生长期。一般 10 月中下旬迁移便产生性母蚜，性母蚜胎生雌蚜，雌蚜与迁飞来的雄蚜交配后在枝条皮缝、芽腋、小枝丫处或皮刺基部产卵越冬。花椒蚜虫繁殖力很强，翌年春和晚秋气温较低时，10 多天发生 1 代，天气较暖和时 4~5d 发生 1 代。

2. 防治方法

①秋末及时清理花椒园，拔除杂草，减少越冬场所。枝条上

越冬产卵时，及时剪除烧毁。秋季落叶后或春季发芽前全树喷施3~5波美度石硫合剂或菊酯类农药1 000倍液防治越冬虫卵。②4月蚜虫发生初期和花椒采后，用25%抗蚜威乳油1 500~2 000倍液或20%丁硫克百威乳油1 000~1 500倍液喷施。③4月下旬至5月上旬用40%乐果乳油10倍液，涂在主干上部、第一主枝下，涂10~20cm宽的药带。若树皮粗糙，可先刮去老皮和皮刺，涂药后钉一张旧报纸，外用塑料薄膜包装。④利用瓢虫、草青蛉等天敌治蚜。⑤在山上堆石头堆或在田间安装人工招瓢虫越冬箱，内放天敌瓢虫的尸体，可招引瓢虫群聚，捕食蚜虫。在花椒树上喷洒蜜露或蔗糖液，也可诱引十三星瓢虫捕食蚜虫。

(八) 花椒跳甲

1. 为害特点

花椒跳甲又叫花椒橘潜叶甲、花椒啮跳甲，俗称红猴子、小红牛，是专食性害虫。受害株率在60%以上，单株虫数可达千头以上。以幼虫潜入叶内，取食叶肉组织，使被害叶片出现块状透明斑，受害叶片发黄枯焦时迁移到健康叶片上继续取食，1片叶有虫达3头以上。一般在6月下旬之后受害树的叶片即被食尽，全树焦枯，似火烧状，使当年果实难以成熟。花椒跳甲在华北地区1年发生2代，以成虫在土中越冬，翌年4月上旬花椒发芽时开始出土活动取食花椒叶，5月下旬至6月下旬产卵，卵经4~7d后孵化，幼虫蛀入叶内取食14~19d后于6月下旬落地入土化蛹。

成虫善跳，飞行迅速，白天取食花椒叶，夜间多隐匿。幼虫孵出后先群集在1片叶上为害，2~3d后分散为害。幼虫粪便黑褐色，从蛀食孔排出叶外。四龄幼虫，体色由白转黄后钻出潜道入土结茧化蛹。

2. 防治方法

①越冬成虫出土后、未产卵前及卵孵化期为防治适期，4月上中旬在越冬成虫出土期，每公顷用2%辛硫磷粉剂3.75kg喷撒地面，或用20%氰戊菊酯乳油1 500~2 000倍液地面喷雾1~2

次，可杀死大量越冬害虫。②花椒展叶期或5月下旬，用40%乐果乳油800~1 000倍液或80%敌敌畏乳油800倍液或2.5%溴氰菊酯乳油2 000倍液，喷洒树冠2~3次。③8月下旬气候渐凉，成虫多在嫩梢处为害，很不活跃，人工捕捉效果良好。④冬前清除杂草枯叶，换土施肥、浇水，破坏成虫越冬场所，使部分成虫暴露土面，冷冻致死。封冻前刨树坪，也可消灭部分入土越冬害虫。

（九）樗蚕

1. 为害特点

樗蚕又叫乌桕樗蚕蛾、柏蚕、椿蚕。幼虫为害芽叶，轻者造成缺刻或孔洞，重者则把全树叶片吃光。该虫食量大，三至五年生花椒树上如有虫7~10只，便可将全部叶片食光，大发生时每复叶上常有小幼虫6~8只。成虫长20~30mm，头部及身体其他部位的背面有白线及白点。幼虫淡黄色，有黑斑点或全体有白粉。蛹棕褐色，包裹蛹的茧灰白色，两端尖，表面常有半面粘有椒叶。该虫北方地区1年发生1~2代，南方地区1年发生2~3代，以蛹越冬。成虫5月上中旬羽状，第一代幼虫5月中下旬孵出，第二代幼虫为害至10月后陆续化蛹越冬。成虫只能存活5~10d，飞翔力强，有趋光性。幼虫孵出后先聚集在一起取食叶片，以后再分散取食。幼虫天敌有多种，以樗蚕绒茧蜂的寄生率最高。

2. 防治方法

①人工捕捉幼虫或采茧，摘下的茧可用于缫丝和榨油。注意保护天敌。②卵孵化前后和幼虫期，用90%晶体敌百虫200倍液或50%辛硫磷乳油或80%敌敌畏乳油1 000倍液或5%氯氰菊酯乳油2 000倍液或2.5%溴氰菊酯乳油2 500倍液或20%甲氰·辛硫磷乳油2 000倍液或20%氰戊菊酯乳油3 000倍液喷洒。③成虫羽化期用黑光灯或堆火诱杀。

（十）刺蛾

1. 为害特点

为害花椒的主要是黄刺蛾，以幼虫咬食叶片。黄刺蛾又名刺毛虫、毛八角、八角丁、洋辣子、刺角等，幼虫常把叶片吃成很多孔洞、缺刻，是特种经济林的重要害虫。黄刺蛾在华北 1 年发生 1 代，以老熟幼虫在树枝上的茧中越冬，翌年 5—6 月化蛹，6 月成虫出现。成虫寿命 4~7d，白天伏于叶片背面，夜间活动，有趋光性，卵散产或数粒一起分布于叶片接近顶端处。幼虫多在白天孵出，小幼虫先取食卵壳，再取食叶片，留下叶片上表皮呈圆形透明斑，1d 后小斑即连接成块。四龄幼虫将叶片吃成孔洞，五龄后可将整片叶吃光。7 月老熟幼虫叶丝营造茧。茧多位于树枝的分叉处，羽化时成虫破苗壳端的小圆盖而出。新一代幼虫 8 月下旬以后大量出现，秋后在树上结苗越冬。

2. 防治方法

①秋木冬初及时清除越冬蛹。5—10 月捕捉幼虫或蛹。②幼虫发生时，可喷 80% 敌敌畏乳油 1 000 倍液或 90% 晶体敌百虫 800~1 000 倍液或青虫菌（100 亿个孢子/g）1 000~2 000 倍液。

（十一）黑蚱

1. 为害特点

黑蚱又叫蚱蝉、知了、齐女，属同翅目蝉科。此虫经 12~13 年完成 1 代，以卵于树枝内、若虫于土中越冬，越冬卵于翌年春天孵化，卵历期半年以上。若虫孵出后潜入土中，吸食树木根部汁液，秋凉后钻入深土中越冬，春暖后又向上迁移至树根附近活动，在土中生活 12~13 年，老熟后 6—8 月从土中爬出，并爬行上树，然后蜕皮羽化为成虫。

成虫羽化后栖息于树木枝干上，夜间有趋扑火光的习性。雄虫自黎明前开始至傍晚后，甚至月光明亮的夜间，不停地鸣叫，气温越高，蚱声越响。雌虫于 7—8 月产卵于林木或果树 4~7mm 粗的枝梢木质部内，卵期 10 个月，翌年 6 月若虫孵化后即落地入土。此虫对树木的为害，主要在产卵期，被产卵的枝条干枯而死。果树受害后，造成落果、枯果和枝梢枯萎。

2. 防治方法

①傍晚前后人工振摇赶飞或捕捉，从立秋开始持续 1 个月左右。②冬季或早春在其卵孵化前，剪除产卵枝梢烧毁。利用成虫趋扑火光的习性，可于 6—7 月夜间举火诱捕，或在羽化期 21—23 时，在树干和杂草上捕捉出土羽化的成虫，食用或处死。土壤封冻前深翻深耕，人为改变生态环境，抑制其发展。老熟若虫出土羽化前、初孵若虫入土初期，即 6 月下旬，结合林地浇水，每 667m^2 用氨水 25kg 随水浇灌。③苗圃成虫羽化前、7 月下旬至 8 月下旬，每 10d 喷 1 次 40%乐果乳油 1 000 倍液或 2.5%溴氰菊酯乳油 250 倍液；也可在树干基部附近地面，撒施 10%辛硫磷粉粒剂进行土壤处理，毒杀越冬若虫。④利用若虫抗药性较差的特点，于 6 月上旬左右开始进行土壤消毒，每 15d 消毒 1 次，可用 50%辛硫磷乳油 300~400 倍液灌根。

（十二）木橑尺蛾

1. 为害特点

木橑尺蛾又叫木橑尺蠖、洋槐尺蠖、核桃尺蠖，俗称弓腰虫、吊丝虫、木撩步曲，以幼虫取食叶片和嫩梢。1 年发生 1 代，以蛹在树冠下土中、堰根和石块下越冬，翌年 6 月初至 8 月下旬陆续羽化。成虫出土后多在夜间活动，有趋光性，白天静止在树上或梯田壁上。初孵幼虫活泼，喜在叶尖为害，受惊后迅速吐丝下坠；喜光，常在树冠外围枝条上取食。三龄前只取食叶肉，使叶面出现半透明网状斑块。发育 30~45d 的老熟幼虫于 8 月开始坠地，多在土壤松软湿润处入土化蛹，入土深 5~10cm。

2. 防治方法

①结合冬春季中耕，人工挖蛹，降低虫口基数。②于成虫早晨不喜欢活动时捕杀。成虫羽化初期、盛期，晚上堆火或设黑火灯诱杀。③四龄前幼虫可喷施 75%辛硫磷乳油 2 000 倍液或 80%

敌敌畏乳油 1 500 倍液或 2.5%溴氰菊酯乳油 2 500~3 000 倍液防治。④在树主干基部和周围地面喷洒农药，或放置毒土，毒杀成虫和幼虫。成虫出土期和卵孵化期，每隔 7~10d 喷施 1 次 50%辛硫磷乳油 500 倍液。⑤根据雌成虫无翅、爬行上树的特点，于其羽化出土前在树干基部距地面 10cm 处，绑 1 条 15cm 宽的塑料薄膜带，使其与树皮严密紧贴。绑束时可先用湿土将树皮缝隙填平，薄膜带的下端埋入土中，并堆成小土堆，拍实。因薄膜表面光滑，使雌成虫不能通过而滑落，然后集中捕杀。

（十三）小吉丁虫

1. 为害特点

小吉丁虫又名窄吉丁虫，是为害花椒的毁灭性害虫。主要以幼虫取食韧皮部，并逐渐蛀食形成层，老熟后向木质部蛀化蛹坑道，随虫龄的增大，可逐步潜入木质层内为害。由于虫道迂回曲折盘旋，又充满虫粪，致使初害的皮层和木质部分离，引起皮层干枯剥离，严重损伤了干部的运输构造，最终使花椒树长势衰退，叶片凋零，果实品质下降，枝及植株枯死。一般三年生花椒树即开始受害，树龄越大受害越重，15 年生树虫害率达 90%以上；20 年生以上树虫害率达 100%。

每年发生 1 代，以幼虫在木质部或树皮下完成二次越冬后，4 月上旬开始化蛹，5 月中旬开始羽化，5 月下旬开始产卵，6 月上旬开始孵化幼虫，幼虫孵化后随即蛀入树皮底为害。8 月后大部幼虫相继老熟蛀入木质部做蛹室越冬。初孵幼虫常群集于树干表皮的凹陷或皮缝内，经 5~7d 分散蛀入皮层，每隔 1~3cm 开 1 个月牙形通气孔，通气孔流出褐色胶液，20d 左右形成胶疤。成虫有假死性和趋光性，喜热，飞行迅速。

2. 防治方法

①5 月上旬成虫羽化前，砍伐和剪除濒于死亡的椒树及干枯枝集中烧毁，减少虫源。②4 月下旬至 5 月上旬，越冬幼虫活动流胶期和 6 月上旬初孵幼虫钻蛀流胶期，用钉锤、小斧头或石块

等捶击流胶部位，砸死幼虫。花椒萌芽期或果实采收后，用40%乐果乳油与柴油（或煤油）按1∶50混合，在树干基部30~50cm高处涂1条宽3~5cm的药环，杀死侵入树干内的幼虫。侵入皮层的幼虫较少时，可在采果后用刀刮去胶疤及一层薄皮，再用上述药剂按1∶150的用量涂抹。发生量大时，按1∶100的用量涂抹。也可用80%敌敌畏乳油1 500~2 000倍液或90%晶体敌百虫1 000~1 500倍液或2.5%溴氰菊酯乳油2 000倍液喷杀成虫。③对干枯、龟裂、腐烂或面积较大的胶疤，用刀将流胶部位胶体连同烂皮一同刮掉，刮至好皮处，然后涂抹40%乐果乳油30~50倍液。④5月中旬至6月上旬向树冠喷40%乐果乳油800~1 000倍液，每周1次，连喷2~3次，毒杀成虫。6月虫孵化盛期，用40%乐果乳油50~100倍液喷树干，每7~10d喷1次，连喷2~3次，毒杀初孵幼虫。

（十四）花椒凤蝶

1. 为害特点

花椒凤蝶又名柑橘凤蝶、黄波罗凤蝶。以幼虫蚕食叶片和芽，造成缺刻或孔洞，食量大，苗木和幼树的叶片常被掠食殆尽，仅留叶柄，对结果树生长极为不利。该虫在西北地区1年发生2~3代，以蛹附着在枝干及其他比较隐蔽的场所越冬，有世代重叠现象，4—10月可看到成虫、卵、幼虫和蛹。成虫白天活动，飞行力强，吸食花蜜。幼虫孵出后先吃去卵壳，再取食嫩叶，三龄后嫩叶被吃光，老叶仅留主脉。幼虫受惊后从前胸背面伸出臭腺角，分泌臭液，放出臭气驱敌；老熟幼虫在叶背、枝干等隐蔽处先吐丝固定尾部，再吐细丝将身体挂在树干上化蛹。天敌有多种寄生蜂，可寄生在幼虫、蛹体上，对控制其发生有一定作用。

2. 防治方法

①秋末冬初人工清除越冬蛹，5—10月人工摘除幼虫和蛹。②幼虫发生时，喷洒80%敌敌畏乳油1 500倍液或90%晶体敌百虫1 000倍液或20%氰戊菊酯乳油3 000倍液或青虫菌（100亿个

孢子/g）400 倍液防治。

（十五）花椒天牛

1. 为害特点

花椒天牛又叫花椒虎天牛，俗称钻木虫。成虫取食花椒树叶和嫩梢，幼虫从树干的下部以 45°角倾斜向上钻蛀进入木质部向树干上部取食。由于中龄花椒树的干径较小，受害后大部分输导组织被毁坏，引起树木枯萎。

该虫 2 年发生 1 代，多数 3 年 1 代。以幼虫、蛹越冬，也有少数以卵越冬，全年均可看到幼虫和蛹。越冬蛹于 5 月下旬羽化为成虫，成虫取食虫道中的木屑补充营养，6 月下旬因椒树枯死成虫从被害树干虫道中爬出，随即飞往健树上咬食椒树叶片。成虫晴天活动，降雨前闷热天气最活跃。7 月中旬雌成虫将卵产于离地面 1m 高处树皮裂缝深处，8 月上旬至 10 月中旬卵孵化为幼虫，初龄幼虫蛀入树干皮部越冬，翌年 3 月越冬幼虫继续蛀食为害，4 月从蛀孔处流出黄褐色黏胶液，形成胶痕。5 月幼虫蛀食木质部，形成不规则孔道，并由透气孔向外排出木屑状粪便，6 月引起椒树枯萎，到第三年 6 月幼虫老熟，开始陆续化蛹。

2. 防治方法

①4 月中下旬，幼虫一至三龄时，集中在韧皮部取食，被害处流出黄褐色液体时用小刀挑刺，或在 5 月中下旬用钢丝钩杀木质部内幼虫。②7 月上旬至 8 月中旬，在晴天下午捕杀补充营养或交配产卵的成虫。③结合修剪剪除有幼虫为害的枯萎枝。用 40%乐果乳油 500 倍液或 80%敌敌畏乳油 500 倍液注入蛀孔。也可用棉球蘸 80%敌敌畏乳油 30 倍液塞入洞内，再用湿泥封闭，熏杀幼虫。成虫发生期，用 80%敌敌畏乳油 800～1 000 倍液或 2.5%溴氰菊酯乳油 2 000 倍液喷雾毒杀。

第三节 鼠 害

（一）危害特点

在花椒产区，特别是黄土高原地区，鼢鼠是危害花椒的主要鼠害。鼢鼠俗称瞎猞、瞎老鼠，遍布我国北方各地，常年栖居地下，打洞潜土，食性杂，食量大，严重危害农作物、牧草、幼树、苗木的地下部分。小雨、阴天几乎全天活动，雨后活动尤烈，晴天、刮风天不常活动，土干、天热和干燥对其活动不利。春季阴雨天正是雌、雄鼢鼠串洞寻偶交配的良机，立夏后鼢鼠因怕暴雨灌洞，迁居地势较高处出外觅食，多在夜间进行。春耕至夏至间，每天从窝穴出来活动 2 次，8 时前后 1 次，19 时左右 1 次；秋收至地冻，早晨太阳刚出来时 1 次，下午出来 3~5 次不等，每次出来 0.5~1h。听觉、嗅觉发达灵敏，最怕光，一旦爬出地面，在烈日下看不见东西，故称瞎老鼠。有封洞习性，洞口被掘开后一定会出来推土堵洞，以此进行防御。

（二）防治措施

鼢鼠的防治应先判断洞内有无鼢鼠，方法是找到洞穴后先用锨切开洞道，察看其爪在隧道壁上的痕迹是新是旧，若道壁光滑、爪印明显，洞内既无露水、蛛网，又无长下去的根系，且有被拉进去的新鲜植物，说明洞内有鼢鼠存在；在切口处检查有无新土，也可判断洞内有无活鼠存在；从洞道不同部位挖开，半小时后观察其堵洞情况，若洞口堵塞，说明洞中有鼠。

（1）人工捕捉。一是灌水法。灌水使其不堪溺在水中，而被迫逃向洞外当即捕杀。二是先切开洞口，铲薄洞道上的表土，待鼠于洞口堵洞时，切断其回路，捕杀。三是烟熏法。春天杂草未生出前，可在铁制烟罐里面装麦秸、马粪、湿草等燃料，再加些烟筋或辣椒等，点燃后扣在鼠洞上，四周用土压实，然后一个人用羊皮鼓风筒在铁罐上端进风处向里送风，另一人在四周检查，看见地面漏风处即用土堆埋严。鼢鼠在洞中被烟熏闷死或被熏出而捕杀。铁罐中放入25g硫黄点燃，效果会更好。四是挖掘法。先找到鼠洞，将洞分段用锨切开，使阳光和风进入洞口，10min后逐个检查洞口，即可沿封洞的方向挖掘。五是弓形夹捕杀法。常用1号或2号鼠夹，先找到洞道，切开洞口，用小锨挖一略低于洞道、大小与弓形夹相似的小坑，放置弓形夹，在夹上轻轻放些松土，将夹子用铁丝固定于洞外木桩上，最后用草皮盖严洞口。

（2）药剂防治。灭鼠药剂很多，主要有敌鼠钠盐、氯敌鼠钠盐、杀鼠酮等，将上述药剂配成毒饵，进行诱杀。选用鼢鼠爱吃的食物，如春季用葱、韭菜、蒜薹、萝卜等，秋季用马铃薯、豆类、莜麦等，切碎，加入0.1%敌鼠钠盐或0.02%氯敌鼠钠盐，拌匀。毒饵投放有开洞和插洞投饵两种方法，前者是在鼠洞上方用铁锨开一洞口，把洞内浮土取净，将毒饵投放到洞道30cm以下深处，每处3~4堆，用土块略封洞口；后者是用长80cm、粗3cm的木棒，将一端削成圆锥形，从洞道上方插到洞道时轻轻转动木棒，将插口周围的土挤紧，取出木棒后随即投放毒饵，并封闭洞口。

（3）生物防治。一是春初或秋末，每公顷使用依萨琴柯氏菌或达尼契氏菌颗粒菌剂1 000~3 000g，放入洞道内，使其感病死亡。此法对鼠类不会产生抗性或拒食现象，且对人、畜安全，也不污染环境。二是于春初或秋末，用100万毒价/mL C型肉毒素水剂配成毒饵诱杀。一般采用0.1%~0.2%的浓度，若配制50kg 0.1%的燕麦毒饵，可用水10L加入肉毒素水剂50mL，溶解后将50kg饵料倒入毒素稀释液中充分拌匀即可，每公顷用毒饵1.2kg。

第四节　冻　害

（一）危害特点

花椒冻害多发生在我国北方寒冷地区。花椒树耐寒性较差，幼树在年绝对最低气温-18℃以下地区，大树在绝对最低气温-25℃以下地区，冬季往往遭受冻害。有时春季也发生冻害，主要是霜冻和“倒春寒”造成的。地势环境也是影响冻害的主要原因，海拔越高冻害越重。树龄与冻害关系也较密切，枝条冻害幼树较盛果期树重，树龄越大树干冻害越严重。冻害影响花椒树的正常生长和产量，甚至造成花椒树死亡。

树干、枝条和花芽均可受冻害。树干冻害危害最严重，主要受害部位是距地表 50cm 以下的主干或主枝，受害后树皮纵裂翘起向外卷，被害树皮常剥落。枝干冻害主要发生在冬季温度变化剧烈，绝对温度过低且持续时间较长的年份，轻者还能愈合，重者整株死亡。枝条冻害比较普遍，除随树干冻害发生外，多发生在秋季少雨、冬季少雪、气候干旱的年份，严重时一二年生枝条大量枯死，造成多年歉收。幼树由于生长停止晚，枝条常不能很好成熟，尤其先端成熟不良的部分更易受冻。花芽较叶芽抗寒力低，冻害发生的范围较广，受冻的年份也频繁。但由于花芽数量多，轻微的冻害对产量影响不大。花芽冻害主要是花器官冻害，多发生在春季回暖早，而且又复寒的年份，一般 3 月中下旬气温迅速回升花芽萌发，4 月中旬至 5 月上旬气温急骤下降，造成花器受冻。受害枝干产生不规则裂纹、伤口，而后呈黑褐色并易感染其他腐生菌，被害树皮常易剥落。

（二）防冻措施

（1）加强树体管理。加强管理，增施肥料，适时浇水，合理修剪，及时防治病虫害，促进树体健壮，增强耐寒能力。冬季下雪后应及时振落花椒树上的积雪，减轻冻害。肥水管理上做到前促后控，对旺长树在正常落叶前 30~40d 喷施 40% 乙烯利水剂 2 000~3 000 倍液，促进落叶。早冬修剪时，尽可能将病枝、虫枝、伤枝、死枝剪除，减少枝量，防止抽干和冻害。冬剪后及时用波尔多液喷洒，既可防病又可为树体着一层药膜而防冻。早施基肥，结合浇越冬水，防止枝条失水抽干冻。冬灌宜在夜冻日消、日平均气温稳定在 2℃左右时进行，黄淮地区在 11 月中下旬至 12 月上旬。营造防护林，防护林在株高 20 倍的背风距离内可降低风速 30% ~ 59%，春季林带保护范围内比旷野气温提高

0.6℃。此外，还可利用背风向阳的坡地、沟地等小气候适宜地区建园。

（2）树干涂白。用生石灰5份、硫黄粉0.5份、食盐2份、柴油1份、水20份或用生石灰10～15份、食盐2份、硫黄粉1份、植物油0.1份、水36份制成涂白剂，涂抹在树干和树枝上，涂抹不上的小枝可以把涂白液喷洒在上面。此法不但可以防冻，还具有杀虫灭菌和防止野兽啃树皮的作用。

在花椒树发芽前，用50倍石灰乳喷涂树冠，减少树枝吸收太阳热能，降低树体温度，推迟萌芽、开花物候期，以避开晚霜或寒流危害。在花芽萌动前、3月上中旬，喷布防冻剂（2份石灰、1份食盐、20份水），可降低花芽冻害。可用郑州神力润升化工有限公司研制的植物高级防冻剂“神奇冻水”4 000倍液喷洒树体，或用100～150倍液灌根，每隔10d 1次，共2次，每桶浇灌胸径10cm的树木10～12棵。入冬前，土壤未冻结时，以5cm地温5℃、气温3℃时进行根部浇灌最佳，可以防冻、抗冻、安全越冬。因寒露风、晨霜、“倒春寒”引起的叶片黄化、春缩，而尚未造成梢枯或树势衰弱等轻微冻害时叶面喷洒，可解冻、抗冻、恢复生机。突遭异常低温或连续霜冻，叶片出现失水或萎蔫时，加强灌根、叶面喷洒，同时中耕松土。

（3）遮盖法。用蒿草、苇席、塑料薄膜、水泥袋等覆盖在树冠顶上，既可阻挡外来寒气袭击，又可保持地温，房屋前后的椒树防霜、防冻用这种方法最适宜。也可用玉米、高粱、谷子等秸秆及麦草包树干一周，早春发芽前用草绳、塑料袋等将树捆起来也有效。幼树最适宜此法。

（4）浇水防寒。霜降至寒露土壤将要结冻时浇足水，浇水量以浇后6～7h渗完为准，1周后再烧1次效果更好。

（5）增温法。强寒流来临时，在花椒园迎风面和园内，用草根、落叶拌锯末或麦糠等，堆成上湿下干的草堆，每667m^{2}为10～15堆，每堆15～20kg，当凌晨气温降至3℃以下时，点火发烟防止霜冻。也可用硝酸铵20%～30%、锯末50%～60%、废柴油10%、烟煤粉10%，混合后装入纸袋，每袋1.5kg，点燃后可放烟10~15min，可控制2 000~2 670m² 花椒园。

（6）喷肥水。春季“倒春寒”或晚霜来临前，用1%磷酸二氢钾溶液喷布树体，增强树体抗寒性，提高花椒园温度，减轻或避免冻害。也可在幼树期多施有机肥和过磷酸钙、草木灰等磷肥、钾肥，使枝干组织充实健壮，提高抗寒性。

（7）补救措施。对已受冻的树，特别是树干冻害要加强护理，裂皮、伤口处涂抹1∶1∶100波尔多液，防止杂菌侵染。对受冻干枯的枝梢，应于萌芽前后剪去枯死部分，剪口要平，剪后伤口涂抹90%机油乳剂50倍液，抑制水分蒸发。受冻后恢复生长的树，要加强土壤管理，保证前期水分供应，提前追肥、适时根外追肥补给养分，以尽快恢复树势。

（8）架土块和培土。将大土块堆在树基、架在主枝分叉处，若树的上部再用遮盖法防冻，效果更佳。因地温变幅较大，致使根颈易受冻害，可在冬前对花椒根颈培土保护，培土高度30~40cm。树干保护措施有埋干（定植1~2年的幼树）、涂白、涂防冻剂、捆草把等。

（9）病虫害防治。霜冻后应注意防治病虫害，尤其是主干和叶部病虫害。主干应刮胶涂药防治花椒窄吉丁等害虫。冬季清洁园内枯枝落叶，集中烧毁或深埋，降低花椒病害的病原菌越冬基数。

第十二章　花椒采收、贮藏及加工

第一节　花椒的采收

（一）采收时期

当果皮的缝合线突起，有少量果皮自然开裂，种子黑色且有光泽时，是花椒成熟的外观标志。

不同品种，不同的栽培环境成熟采收期不同，就花椒品种来说，小红袍成熟较早应及早安排采收，大红袍不易裂果，采收期可延长一个月。同一品种，阳坡栽植的成熟早，半阴坡成熟要晚一些，生长在干旱土壤上的成熟早，而水分条件好的地方成熟晚。应根据不同情况安排采收时间，适时采收。过早干椒产量低，品质也差，过晚果皮开裂难以摘采。

（二）采收方法

花椒树为顶生花序，加之枝干有皮刺，对果实采收带来诸多不便。各地都是用手从果穗基部掐摘果穗，也有用剪刀剪摘的。用剪刀摘时一定要注意不能损伤顶花芽，更不能连同小枝一同剪下，这样会降低来年产量。

花椒采收较为费工，一般每个工人每天只能采摘鲜椒10~15kg。

（三）晾晒

晾晒对花椒品质特别对色泽的影响较大，应选晴朗天气采摘，采摘的椒果要及时运回晾晒，当天采收的椒果当天晾晒，未晒干的，摊放在避雨通风的地方。阴雨天露水过大的天气不要采摘。

目前我们可以采用专用的花椒烘干机，从而快捷、高效、经济地将刚采摘下来的花椒及时烘干，保证花椒的色泽和品质。但要特别注意温度调节控制，以免影响种子的质量。

作种子用的椒果，除适时采收外（千万不得早采），不要在晴朗的中午采摘，更不要暴晒。

晾晒时，将椒果摊放在架空的苇席上，当椒果裂开露出种子时，轻轻敲打，使种子落下，将果皮与种子分开，分别装于麻袋中，贮藏在阴凉、干燥的地方。

第二节　花椒的贮藏

花椒的贮藏，主要是包装和存放，如不得法，不但花椒香味麻味降低，而且还会霉烂变质，造成极大的经济损失。

（一）影响贮藏的因素

花椒变质原因较多，影响最大的是温度和湿度。

1. 湿度

包括花椒的干制程度和贮藏环境的空气相对湿度。花椒干制后，一般含水量不得超过14%，最高为15%，以13%为佳。贮藏库房的空气相对湿度在60%以下为好，最高不得超过65%。要达到这个指标，必须做到三点。第一，干制时，花椒粒的含水量必须在14%以下，这种干度，椒粒有焦脆感而果皮不韧。第二，包装袋要能密闭隔离空气，不能仅用麻袋包装，以免椒粒吸潮而发霉变质。第三，存贮室和仓库要既能除湿防期，又能隔热降温。

当贮藏温度在20℃以上，空气相对湿度大，椒粒吸潮后，芳香油脂就水解变质，麻味素也同时被破坏，如果空气相对湿度达85%，花椒的芳香麻味物质迅速分解，并很快感染绿霉和黄霉菌，如果在低温高湿条件下存放与贮藏，也会引起变质。

2. 温度

花椒富含的芳番油和麻味素，在10℃以上温度时，易分解而挥发，温度越高，挥发和分解就越快。当温度上升到30℃时，只需30～40d，就挥发和分解得没有麻香味。相反，温度下降至10℃，芳香物质挥发慢，在1～5℃，就基本停止挥发和分解。因此，不但在干制时要考虑温度等条件，而且贮藏过程中应考虑库房温度，一般以15℃左右贮藏为好。

在贮藏过程中，空气也对影响。空气中氧气含量高，椒粒呼吸作用加快，通过新陈代谢，就加快了香味物质和麻味素的分解与消耗。因此，适当限制花椒的呼吸作用，或者适当增加库房空气中 CO_2 的含量，可以延长花椒的贮藏期。

（二）贮藏方法

1. 贮藏前的准备

第一，检查花椒干燥程度，要求含水量在14%以下。第二，要密封包装。花椒干制后，要用聚乙烯塑料薄膜袋密封装好，同时外套麻袋或化纤袋保护，以免受潮霉变。第三，检查库房是否具备冷凉、干燥、通气条件。

2. 贮藏库房

（1）要求。收购与经销花椒商品的部门，应修建专门的花椒库房（室），其规模视贮藏量而定。要求库房能隔热排湿。库房的墙壁和天花板，要做成夹层式的，夹层中填塞木屑、谷壳等隔热材料。在水泥地面上再隔层安上密缝木板或水泥液，中间填满干石灰等。四面墙壁上端开风窗。花椒袋堆放时，中间要安放通气筒，如果专修库房，屋顶要安几个出气筒。各通气窗道要能开能关，以便调节温湿度。库房内要有干湿温度计。

（2）管理。贮藏期间，每天要检查库内温湿度和室外气温。当库房外温度高时，应将门窗通气孔道封闭，以防空气进入库房。当库房外温度低时，就打开通气孔道，让冷空气进入库内。当库房内空气相对湿度在70%以上时，应用除湿机吸潮，或者放入适量生石灰吸潮。如果库房温度在20℃以上，应在夜间开窗和打开通气孔，开电风机散热降温。

3. 简易存放

一般椒农采收花椒后临时贮藏，或者经营花椒数量不多，不必设置专用库房，应准备一间干燥、冷冻和通气的存放室或地下室，将干制、密封好的花椒袋，临时存放于内。最好及时销售。

零售门市部或用户贮藏少量花椒，最好用不通气的塑料袋或者有盖玻璃瓶存放，严封严盖，并放于较冷凉处，随用、随取、随盖。这样可以临时防止芳香物质的挥发和吸湿受潮。加工制好的花椒粉末，应用瓶密封，才能保持很好的香味、麻味。

第三节　花椒的加工

花椒的加工：一是花椒粉加工；二是花椒籽的加工榨油；三是花椒油的制取。花椒油的制取是花椒商品的简易深度加工，能大大提高其价值。下面主要介绍花椒油的制取方法。

（一）制取花椒油的原理

花椒果实中的芳香油和麻味素易溶于油脂、乙醚和丙酮等溶剂中，而且在 5℃ 以上温度时易挥发，25℃ 时挥发加剧，到了 30℃ 时挥发急速，民间历来利用菜油加温制取花椒油，就是运用这一原理。

（二）技术关键

制取花椒油的质量好坏，关键在于是否选择优质（含芳香油和麻味素多）无霉变的鲜椒作原料。

（三）简易操作方法

1. 油浸法

首先要有一口能密封的大铁锅（罐）和相应便于操作的加热灶。其次，锅内有金属制管曲道冷却设备，操作方法：先将菜油灌入锅内，其比例为 1 份菜油，半份鲜花椒。当菜油加热升温到 120~140℃时，停止升温，随即按比例将鲜椒浸入锅中，迅速加盖密封，并持续约 20min，使花椒的芳香物质和麻味素溶于油脂中。然后在密闭条件下由冷却管道通入冷却水，循环流出，以吸热降温。待花椒油冷却后，取出过滤，沥去椒粒，立即取油装瓶密封，低温保存，油浸法每千克菜油可制作花椒油 0.9kg，而花椒粒经过去籽后，仍可制作花椒粉末，作香麻味调料用。

油浸法有操作简便、花椒油质量好的优点，缺点是油中水分不能蒸发掉，故冷却后水分集沉底部，因此在取油装瓶时，应注意除去底层水分。

2. 油淋法

这种方法简便，人人都可以用此法制取花椒油。

操作方法：先将菜油升温到 180℃，再将采摘回的鲜椒，用金属丝编成的小孔大漏瓢（以不漏过花椒粒为度）装好，搁放在油锅上面，然后，再将 180℃的菜油，反复淋入漏瓢中的花椒上，当鲜花椒由红色变为白色时停止淋油。待椒油冷却后，装瓶待用。一般来说，油椒比例为 2∶1。

此法简单易行、易掌握。缺点是制作时，香味麻味物质挥发多，花椒油质量较差，一般不能作商品进行交易，只能自制自食。

主要参考文献

白晓军，贺俊学，2017. 花椒丰产栽培管理技术[M]. 杨凌：西北农林科技大学出版社.

裴宏州，2018. 绿色花椒周年管理技术[M]. 兰州：甘肃科学技术出版社.

孙磊，杨亚刚，2019. 花椒高效栽培技术与病虫害防治图谱[M]. 北京：中国农业科学技术出版社.

杨途熙，魏安智，2018. 花椒优质丰产配套技术[M]. 北京：中国农业出版社.

张和义，2018. 花椒优质丰产栽培[M]. 北京：中国科学技术出版社.